电厂锅炉自动控制系统技术及安全性研究

董寒晖　著

中国水利水电出版社

www.waterpub.com.cn

·北京·

内 容 提 要

锅炉的安全性是电厂安全生产管理的重要方面，全面总结和深入研究锅炉自动控制系统的安全运行技术，对保障电力系统安全生产具有重要意义。本书对电厂锅炉自动控制系统运行及安全性进行探讨研究，具体内容包括直流锅炉自动控制系统、循环流化床锅炉控制系统、汽包锅炉给水控制系统、汽包锅炉蒸汽温度控制系统、汽轮机自动控制系统、单元机组协调控制系统、分散控制系统、安全监控系统的功能和组成原则等方面。总体上，本书强调理论联系实际，注重原理分析与工程实际相结合，可供高校能源与动力工程类专业的师生使用，也可供相关科技人员参考。

图书在版编目（CIP）数据

电厂锅炉自动控制系统技术及安全性研究 / 董寒晖
著. -- 北京：中国水利水电出版社，2018.3（2022.9重印）
　ISBN 978-7-5170-6328-5

　Ⅰ.①电… Ⅱ.①董… Ⅲ.①电厂锅炉—自动控制系
统—安全性—研究 Ⅳ.①TM621.2

中国版本图书馆CIP数据核字(2018)第035301号

责任编辑：陈 洁　　　　封面设计：王 斌

书　　名	**电厂锅炉自动控制系统技术及安全性研究** DIANCHANG GUOLU ZIDONG KONGZHI XITONG JISHU JI ANQUANXING YANJIU
作　　者	董寒晖　著
出版发行	中国水利水电出版社 （北京市海淀区玉渊潭南路1号D座　100038） 网址：www.waterpub.com.cn E-mail: mchannel@263.net（万水） 　　　　sales@mwr.gov.cn 电话：（010）68545888（营销中心）、82562819（万水）
经　　售	全国各地新华书店和相关出版物销售网点
排　　版	北京万水电子信息有限公司
印　　刷	天津光之彩印刷有限公司
规　　格	170mm×230mm　16开本　13.5印张　242千字
版　　次	2018年3月第1版　2022年9月第2次印刷
印　　数	2001-3001册
定　　价	54.00元

凡购买我社图书，如有缺页、倒页、脱页的，本社营销中心负责调换

前　言

电厂锅炉自动控制在不断地进步，我国的火电机组已经向着高参数、大容量、低能耗、少污染、高自动化的方向发展。火力发电生产过程的自动控制水平显著提高，一些新的控制理念和控制方法已在新建大型火电机组上开始得到应用。

显而易见，电厂锅炉自动控制系统在发电厂机组安全稳定运行中的地位非常重要。电厂锅炉自动控制技术从主体上涉及系统的设计、安装、调试、运行维护、检修和技术管理各个方面。所以，不断提高发电厂热工专业人员的技术素质与管理水平是发电企业的一项重要工作。锅炉自动控制专业人员既要有扎实的专业理论基础，又要有丰富的专业实践经验，同时还要求有一定的热力系统知识。所以说，自动控制专业知识的掌握，应该是基础理论联系实际经验的渐进过程。随着技术的发展和新建机组的不断增加，新老电厂的热工专业人员都面临着专业知识和技术素质再提升的需求。

本书主要探讨电厂锅炉自动控制系统及安全性，全书分为8章。第1章主要阐述火电厂运行过程的特点及自动化控制要求、锅炉汽水系统与汽水测量系统、锅炉燃烧系统与燃烧测量系统、分散控制系统（DCS）与现场总线控制系统。第2章讨论锅炉给水系统及自动控制，内容包括给水自动控制系统和给水全程自动控制系统。第3章讨论汽包锅炉汽温自动控制系统，内容包括串级过热汽温控制系统、双回路汽温控制系统、过热汽温分段控制系统、再热汽温自动控制系统和600MW过热汽温控制系统的应用。第4章讨论单元机组协调控制系统的组成及应用，内容包括单元机组协调控制系统的特性、协调系统的负荷控制、协调控制系统的组成、协调控制的能量平衡原理和600MW单元机组协调控制系统的应用。第5章探讨汽轮机自动控制系统，内容包括中间再热式汽轮机、功率频率电液控制系统和数字式电液控制系统。第6章探讨直流锅炉及其控制，内容包括直流锅炉的特点及动态特征、直流锅炉的基本控制方案、直流锅炉的给水控制系统、直流锅炉过热汽温控制系统和超临界机组协调控制系统。第7章探讨循环流化床锅炉及其控制，内容包括循环流化床锅炉及控制系统、燃烧过程的特点及控制任务、燃烧过程控制系统和300MW机组循环流化床锅炉控制。第8章探讨研究锅炉安全监控系统，内容包括锅炉炉膛安全监控系统的功能与配置、火检原理与炉膛压力检测、炉膛爆燃及其防止、MFT及公用逻辑、锅炉安全可靠性探析。

总体而言，本书紧跟锅炉自动控制系统发展的步伐，探讨了实用技术及其理论，兼顾行业新理论、新技术，内容全面而丰富，注重系统性、科学性和实用性。

需要指出，在撰写本书的过程中，作者参考了大量国内国外的学术文献和资料，并引用了其中一些重要的数据与图表。虽然经过多次修改，但是限于作者水平，且人们对新理论、新技术的认识和实践也在不断完善之中，因此书中难免存在不足之处，希望同行学者和广大读者提出批评意见。

作者

2017年12月

目　录

第1章 绪论

目前，在我国的供电系统中，火力发电仍然占据重要地位。因此，对火力发电生产的特点和生产过程的控制进行研究仍然是非常重要的问题。对于火力发电厂来说，为了保证发电过程的安全性、可靠性和经济性，就要提高发电机组的自动化水平。目前，以计算机为基础的分布式控制系统（Distributed Control System，DCS）普遍地应用在火力发电厂中，形成集监测、控制、保护、操作以及管理于一体的多功能自动化系统。

1.1 火电厂运行过程的特点及自动化控制要求

1.1.1 火电厂运行过程的特点

火力发电的生产过程是化石能源中的化学能，经过燃烧转换为热能，再由热能到机械能、机械能到电能转换的全过程。这一过程具有下面的特点。

1. 火力发电生产是一个不可中断的连续过程

首先，电能的生产是一个连续的生成过程，火力发电生产过程必须连续进行。其次，电能的需求具有很大的随机性，且不能大量储存，电厂所发出的功率必须和用户需求的功率相平衡。生产的连续性和负荷的适应性是电力生产的两个显著的特点，这两个问题处理不好就会影响供电质量，甚至会给国民经济带来巨大的损失。所以，对电力生产过程进行有效的控制是必不可少的。

2. 火力发电机组是一个庞大的复杂系统

火力发电生产包含了化学能到热能、热能到机械能、机械能到电能的多次能量形式转换；因而生产过程设备多、系统组成庞大且复杂。各种热力设备，由于工作原理、结构不同，其动态特性存在很大差异，系统中设备相互间也有很大的影响。要使每台设备都能工作在最佳状态，使整个系统协调一致地工作，保证机组的正常运行，必须依靠自动控制系统。

3. 火力发电生产的安全性、可靠性极其重要

由于电力工业在社会生产和生活中处于至关重要的位置，供电不足或中断会直接影响到国民经济的正常运行和社会稳定，因此火力发电机组的安全性、可靠性是至关重要的。火力发电过程的许多设备长期工作在高温、高压和比较恶劣环境下，容易出现设备故障。因此必须对设备的状态进行不间断地监测，并进行故障的判断、联锁和保护等，保证设备始终处于良好的运行状态，同时能迅速处理已发生的故障或事故。完成这些工作，必须借助于自动化系统。

4. 火力发电生产与环境保护

目前，煤炭、石油和天然气等化石能源仍在整个能源构成中占据主导地位，这种局面可能还要维持几十年不变。煤炭等化石能源直接应用于火力发电会带来一系列严重的环境污染。比如硫氧化物、氮氧化物对大气的污染、固体废物、水污染和热污染等。当前我国每年火力发电厂的烟尘排放量约为350万吨，占全国烟尘排放量的35%。其中微细粒子（小于$10\mu m$）排放量超过250万吨，是影响城市大气质量和能见度的主要因素，并严重危害人体健康。因此，减少污染，保护环境已经成为火力发电生产中的重要工作之一。

1.1.2 火电厂运行过程的自动化控制要求

1. 模拟量控制

火力发电机组电厂控制主要是涉及生产过程安全性、经济性的连续变化模拟量控制和开关量控制。模拟量控制系统每时每刻都在工作，控制系统的组成、工作原理比较复杂。单元机组的模拟量控制结构如图1-1-1所示，模拟量控制分为两级：协调控制级和基本控制级。

从控制系统设计和设备的运行管理划分，分别有涉及机组热工过程模拟量的协调控制系统（Coordination Control System，CCS），与锅炉设备相关的锅炉模拟量控制系统，与汽轮机相关的汽轮机模拟量控制系统以及主要辅机的控制系统。注意，协调控制系统根据控制策略命名，而模拟量控

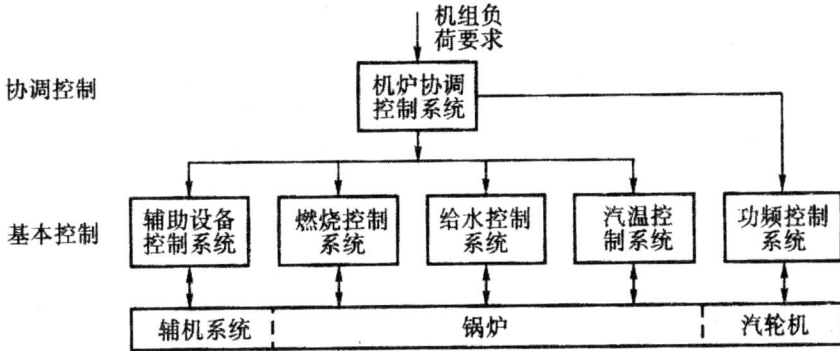

图1-1-1　模拟量控制系统结构

制系统（Modulating Control System，MCS）按该系统处理的信息类型命名。在有些资料中，把机组的协调控制系统也归并到模拟量控制系统之中。

现代大型火力发电机组都以单元制方式运行，随机组参数的不断提高，机组设备不断完善，控制技术水平不断提高。为使机组能更好地适应负荷变化，除需要系统能更好地协调锅炉和汽轮发电机组工作外，锅炉给水控制系统、燃烧控制系统、过热汽温控制系统、再热汽温控制系统、主要辅机控制系统也必须协调动作。电站锅炉的模拟量控制主要有：锅炉给水控制、锅炉燃烧过程控制（包括燃料量控制、送风量控制、引风量控制、制粉系统控制等）、过热汽温控制、再热汽温控制，以及根据机组运行的状况，确定机组的运行方式并实现全程控制和滑参数运行控制。

要使发电机组经济、安全运行，必须对主要的辅助设备进行控制。例如除氧器压力控制，除氧器水位控制，凝汽器水位控制，加热器水位控制，等等。在正常运行和连续生产的条件下，模拟量控制发挥着最基本的自动化职能，它对电力生产的经济性和安全性有极大的影响，掌握和分析控制过程的特点十分重要。

2. 顺序控制

顺序控制也叫自动操作。顺序控制的原理是按照预先设计的顺序，有步骤地对生产设备和过程进行一系列操作。每个操作步骤之间的转换自动执行，无须人为干预。实现顺序控制的装置必须具备必要的逻辑判断能力和联锁保护功能。在每一步操作后，必须判明这一步是否已经实现，是否为下步操作创造好条件。如果条件具备则继续执行下一步操作，否则等候人工处理或自动处理，甚至中断程序。计算机控制系统使这一复杂的操作过程变得十分容易。

机组启停过程的控制项目一般包括：锅炉升温升压控制；启动过程主蒸汽温度控制；燃烧器点火控制；炉膛清扫控制；汽轮机暖机、升速、并网、带初负荷、阀门切换控制；汽轮机热应力控制；汽轮机真空度控制；复位控制等。

锅炉的顺序控制主要有：第一步，点火启动锅炉；第二步，锅炉吹灰，送风，启停引风机；第三步，运行水处理设备；第四步，制粉系统的启停等。

汽轮机的顺序控制主要指汽轮机的自动启动和停机。汽轮机的自动启停分为两种：一种是模仿人操作的启动过程，按照事先规定好的步骤和时间进行各项操作；另一种是考虑热应力控制的自动启停过程。考虑热应力控制的自动启停过程不仅可以保证机组的热应力处于安全范围之内，延长机组寿命，而且可以充分发挥机组的热应力潜力，缩短启动时间，节省启动费用，避免误操作，提高机组启动过程的经济性和安全性。

3. 自动保护

自动保护是在发生事故或异常情况下，防止事故进一步扩大所采取的紧急措施，这是保障设备安全的最后一关，一般不宜轻易动作，但在动作时必须快速可靠。自动保护包括以下几种措施。

（1）自动切断能源。中断电、气、汽、燃料的供应。例如汽轮机的超速保护，锅炉炉膛灭火保护。

（2）自动减放储存的能量。例如锅炉的安全阀、防爆门动作等。

（3）各种控制阀、挡板的限位。各种控制阀、挡板的极限位置（最大开度和最小开度）是根据安全运行的要求规定的，正常工作中不允许越限。如果在自动控制过程中控制阀、挡板达到了极限位置，或者控制系统出现故障而发出了报警信号（过大或过小），或者生产过程中出现异常情况，此时应将自动控制或自动操作系统切除，只保留手操（遥控），以便运行人员根据自己的经验或判断进行操作和处理。

（4）联锁。联锁是在出现异常情况或不正确操作时的一种保护功能。在顺序控制的设计中要特别注意。例如，在某一设备发生故障时，要按预定的顺序使其它有关设备自动解列。如果次序错乱或遗漏某一设备，就可能导致事故的进一步扩大或造成设备的损坏。

4. 管理控制一体化

管理控制一体化即火力发电厂的综合自动化。随着市场经济的发展，高水平自动控制技术的应用，火力发电生产过程的控制目标已从保证生产稳定、减少事故转变为适应市场经济要求，提高供电质量、降低成本、节约能源、减少污染，以高效益为目标重组整个生产过程，这就要求集生产过程控制、生产调度、企业管理、经营决策于一体。数字化、智能化、网络化为管理控制一体化的实现提供了基础，也给电力生产带来了巨大的经济效益。

1.2 锅炉汽水系统与汽水测量系统

1.2.1 锅炉汽水系统

电站锅炉利用燃料燃烧释放的热能加热给水，以获得高温、高压的蒸汽。将高温、高压的蒸汽送到汽轮机中，推动汽轮机转动，并带动发电机转动产生电能。在电能转换的过程中，锅炉是火力发电厂的三大主要设备之一。

如果根据循环方式的不同，可以将锅炉划分为三种类型：自然循环锅炉、控制循环锅炉、直流锅炉。不同的锅炉有不同的工作特性。

（1）自然循环锅炉。在这种循环方式中，每一次循环产生的水蒸气只是循环输入水量的一小部分，所有的循环水要经过几次循环才会完全汽化。通常用循环倍率来衡量循环水的蒸发程度，在单位时间内：循环倍率=循环水量÷生成蒸汽量。自然循环锅炉的循环倍率通常在4~30之内。

当循环水在水冷壁中被加热的时候，有一部分水就会变成水蒸气，因此水冷壁中的工质是汽水混合物。但在下降管中，由于管壁不受热，所以工质是液态水。

由于汽水混合物的密度比液态水的密度小，那么在水冷壁与下降管之间急救形成压力差。因此，循环水给水与汽水混合物就会在压力差的作用下相对流动，产生循环效果。这一循环效果是由工质内部压力不均造成的，并不由其他外力驱动，因此，这种循环方式也称为自然循环。

（2）控制循环锅炉。这种锅炉是在自然循环的基础上，在循环回路当中安装水泵，通过水泵调节循环水的流动速度，从而形成控制循环系统。

在水泵的作用下，控制循环锅炉的给水与汽水混合物间的压力差比自然循环系统中的大很多。因此，控制循环锅炉水冷壁蒸发面的布置比较自由，可以垂直放置，也可以水平放置。而且，水冷壁中的工质即可向上和水平流动，也可向下流动。通常，控制循环锅炉的循环倍率在3~10

以内。

（3）直流锅炉。在直流锅炉中不形成汽包，工质在循环过程之前一次性由液态水变为水蒸气，因此它的循环倍率是1。此外，直流锅炉的省煤器、过热器、蒸发部分没有固定的分界线。给水在受热蒸发面当中全部转化为水蒸气，它在循环系统中遇到的阻力都由水泵克服。

此外，若在直流锅炉的启动回路当中加入炉水循环泵，就能构成复合循环锅炉。

1.2.2　汽水测量系统

1. 汽包水位测量

差压式水位计是大型火电机组上最常用的汽包水位计，对于敞开容器只要用压力表（或压力变送器）测出其液柱的压头，由液体的密度即可得到液位的高度。对于密闭容器则需要用差压表（或差压变送器）来进行测量。差压式水位计测量的过程如下：①把水位转换成差压信号；②把差压信号转换成电信号；③把代表差压信号的量值经过计算，转换成代表水位信号的量值。浮子式水位计常用磁性材料制造。在水容器内部装一个可随水位升降的浮子，水容器外部装有一个感应部件，这类水位计原理和结构都比较简单。

以单室平衡容器为例介绍差压式水位测量。根据相关规程要求，对于过热器出口压力为13.5MPa及以上的锅炉，其汽包水位计应以差压式（带汽包压力修正回路，必要时再加平衡容器冷凝水柱温度补偿措施）水位计为基准。汽包水位监视信号应采用三取中值的逻辑判断方式进行优选，汽包水位保护信号应采用三取二的逻辑判断方式进行优选，由此可见差压式水位计测量的重要性。汽包水位测量原理示意图如图1-2-1所示。

一般来说：$A=H/2+$零水位偏离汽包中心线的距离，$B=H/2-$零水位偏离汽包中心线的距离，由力平衡原理可得等式

$$\Delta p = H\rho_a g - (A-h)\rho_s g - (H-A+h)\rho_w g$$

经推导可得

$$h = A - [\Delta p - H(\rho_a - \rho_w)g]/[(\rho_w - \rho_s)g]$$

式中参数采用标明单位后如下：

$$h = A + H(\rho_a - \rho_w)/(\rho_w - \rho_s) - \Delta p \times 10^3/(\rho_w - \rho_s)$$

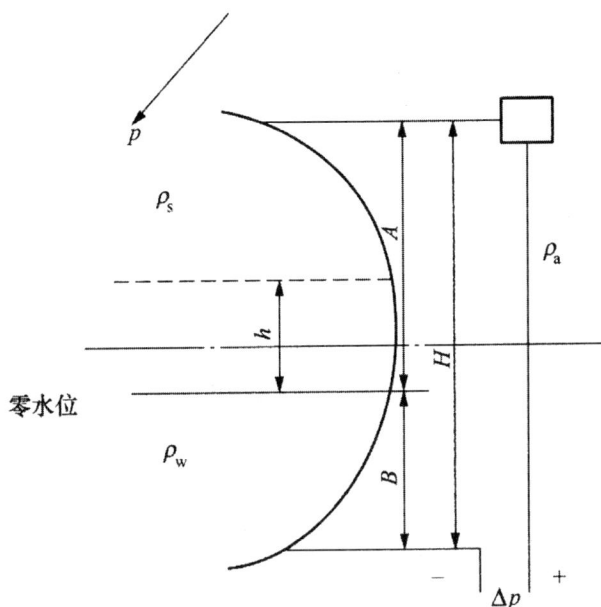

图1-2-1 汽包水位测量原理示意图

H—水侧取样孔与平衡容器的距离，mm；h—汽包水位偏离正常水位的值，mm；

A—平衡容器上取样管与汽包零水位的距离，mm；

Δp—对应汽包水位的差压值，mm H_2O（1mm H_2O =133Pa）；

p—汽包压力，MPa；ρ_s—饱和蒸汽密度，kg / m^3；

ρ_w—饱和水密度，kg / m^3；ρ_a—参比水柱密度，kg / m^3

2. 炉管泄漏监测系统

电站锅炉炉管泄漏监测系统的主要功能是检测锅炉炉管泄漏发出的声音，为提早发现锅炉出现的爆漏事故提供报警和分析依据，便于及时采取措施，减少损失，防止事故扩大。锅炉炉管泄漏自动报警装置由三部分组成，即信号采集系统、信号处理监视系统和除灰系统。

（1）信号采集系统。在锅炉的本体上，安装有信号采集系统，它主要由声波传导管和声波传感器构成。每个测点都包含一个声波传导管和一个声波传感器。声波传感器通过声波传导管与炉内连通，声波传导管分布在锅炉的大罩壳与"四管"区域。

传感器的检测范围通常在半径为10~15m半球空间内，大小可由增益旋钮调节。在声波传导管的尾部安装声波传感器，它可以把炉膛内的声频信号转化为电流信号，并传输到信号处理系统。

（2）信号处理监视系统。通常在电子设备间或集控室内安装信号处理系统，并布置在监控机柜内，由显示报警单元和中心处理单元组合构成。

①显示报警单元：可以通过软件界面的炉膛模拟图判断泄漏区域的具体位置；作为中心处理单元数据分析之后显示的功能界面，数据包括堵灰指示、历史数据、实时数据、系统配置与监听画面等。

②中心处理单元：运用多通道高速A/D采集卡，对由声波传感器传输而来的电流信号进行采样，并将其转换成数字信号。处理完毕后，通过总线将数字信号输送到主处理板，然后进行傅里叶快速变换（FFT），从而得到实时频谱棒形图和变化趋势图。通过监控频谱棒形图和变化趋势图的动态，可以筛选出泄漏特有的频谱模式，并经过判断以后做出泄漏报警提示。此外，中心处理单元还具有历史追忆功能，这方便在报警以后做出数据分析，为预防相同事故发生提供数据支持。

当某个测点附近炉管出现泄漏事件时，该监控点就会发出红色显示，然后经过延时处理，输出报警信号到光字牌。管理人员通过软件界面的棒图，能够看出通道的能量大小，它反映通道的有效声强值；在堵灰指示的画面中，指出每一根声波传导管的积灰情况，如果出现堵灰，就会提醒维护人员进行相应维护；通过监听画面实时监听炉内噪声；通过频谱图能够看出通道能量的频率分布，得出频谱曲线并与已知数学模式进行比较，判别是否泄漏；通过系统配置画面设置各个通道的增益值，并能消除系统的时间误差。

（3）除灰系统。除灰系统布置在锅炉上，从电厂的主气源管路引出，通过电磁阀控制每个支管路，每个电磁阀控制6~8个测点。使用压缩空气对一次测量元件进行定期吹扫，防止积灰。

3. 炉水化学仪表

热力系统中的水质是影响火力发电厂热力设备（锅炉、汽轮机等）安全、经济运行的重要因素之一。在火力发电厂中，水是传递能量的工质。为了保证机组的正常运行，对锅炉用水的质量有着非常严格的要求，而且随着机组的蒸汽参数的提高，对水质的要求也会更加严格。

直流锅炉对水质的要求比汽包锅炉严得多。这是因为汽包锅炉可通过磷酸盐处理和锅炉排污改善水质，直流锅炉没有循环的炉水，所以不能进行这些处理。在直流锅炉中随着给水进入系统的各种杂质，或被蒸汽带往汽轮机，或沉积在锅炉受热面管内，对中间再热的机组还会沉积在再热器管道内。防止给水中杂质在直流锅炉内沉积或被蒸汽带往汽轮机中，以免影响锅炉、汽轮机的安全、经济运行，直流锅炉对给水水质和蒸汽汽质有非常严格的要求。

化学仪表的种类很多，根据所测量的对象不同，测量的原理也各不相同。电厂常用的化学仪表有电导率仪、工业酸度计、钠度计、溶解氧分析仪、联氨分析仪、分光光度计、磷酸根分析仪、硅表等。下面介绍几种常见化学仪表。

（1）电导率仪。电导率是物质传送电流的能力，是电阻率的倒数。在液体中常以电阻的倒数——电导来衡量其导电能力的大小。水的电导是衡量水质的一个很重要的指标，它能反映出水中存在的电解质程度。水溶液中电解质的浓度不同，则溶液导电的程度也不同，通过测定溶液的导电度来分析电解质在溶解中的溶解度，这就是电导仪的基本分析方法。

（2）磷酸根分析仪。火力发电厂和大型工业锅炉通常采用向炉水中添加少量磷酸盐以防止钙、镁水垢的生成，磷酸根浓度不够，不能有效防止结垢。磷酸根离子含量过高，会导致炉水的pH值变高，因此磷酸根离子浓度是炉水检测的重要参数。

应用分光光度法可检测炉水中的微量磷酸根。其原理是在一定的酸度下，磷酸盐与钼酸铵作用，生成磷钼黄，此颜色的深浅与水中磷酸盐的浓度符合朗伯—比尔定理，即溶液的吸光度与溶液的浓度和溶液的厚度的乘积成正比。

（3）溶解氧分析仪。测定工质中氧含量的方法主要有这几种：电化学法测量、顺磁法测量、自动比色分析与化学分析测量。其中，电化学法通常用于测量运行中工质的溶解氧。

溶解氧分析仪的传感部分是由金电极（阴极）和银电极（阳极）及氯化钾或氢氧化钾电解液组成。当给溶解氧分析仪电极加上0.6~0.8V的极化电压时，氧通过膜扩散，阳极接受电子，阴极释放电子，从而形成电流。

（4）硅表。在线硅表依据光的吸收定律进行测量。当特定波长的单色光穿透有色溶液的时候，会有一部分光子被吸收，因此穿透后的光强会减弱。现在电厂的硅表测量仪通常是使用蠕动泵对被测水样中依次加入钼酸铵、硫酸、草酸、硫酸亚铁铵或其他多种溶液，使水样中的二氧化硅与其产生化学反应，最终转化成硅钼蓝混合溶液，经过光电转换装置产生电流信号，从而测定出水样中的二氧化硅含量。

1.3　锅炉燃烧系统与燃烧测量系统

1.3.1　锅炉燃烧系统

燃烧系统是电站燃煤锅炉的一个重要组成部分，它的任务是将燃煤的化学能通过燃烧产生热能，产生高温高压的蒸汽，向旋转机械（汽轮机）提供机械能，带动发电机输出电能。广义的燃烧系统应包括使煤粉化学能转换成热能的一套完整的设备，如燃料系统（点火系统、制粉系统等）、燃烧设备（点火设备、煤粉燃烧器）、风烟系统以及保证燃烧过程安全、经济、稳定的热工控制系统。

1. 燃烧控制系统的基本任务

锅炉的工作过程是一个能量转化和转移的过程，在炉膛中，燃料的化学能转化为热能，这些能量转移到工质中，工质再以蒸汽的形式向负载设备转移热量。因此，锅炉燃烧过程控制的基本任务是让炉膛燃料燃烧产生的热量适应锅炉蒸汽负荷的需求。

燃烧调节接受协调控制系统发出的锅炉负荷指令，并把该指令分别送到送风、燃料等调节系统。它是协调控制系统中的一个重要子系统，可使风量与燃料按事先设定好的比例配置燃烧，以确保稳定、合适的风/燃料配比。送风调节机构的位置指令又作为炉膛压力控制系统的前馈信号，以减小炉膛压力波动。通过燃烧控制系统的以上作用，当外界负荷需求发生改变的时候，送风、燃料和炉膛压力这三个控制子系统就可协调控制，以协调适应机组安全工作的要求。

2. 锅炉燃烧控制的主要内容

（1）控制送风量。送风量是指单位时间内送入炉膛的空气质量。为了提高燃烧效率，必须控制炉膛的送风量，保证提供足够的氧气帮助燃料燃烧。燃烧过程是否经济，可用过量空气系数是否合适来衡量。所谓过量空气系数，一般用燃烧废气中的含氧量来间接显示。控制送风量的目的是实现安全工作，相对于燃料来说，如果风量太少，则可能导致熄火事故；如果风量太大，则使烟气排除的热量增加，降低锅炉整体的经济性。

（2）控制燃料量。如果外界环境对锅炉蒸汽负荷的要求发生变化，就应当调整锅炉燃料的输送量（即单位时间内放进炉膛的燃料质量）。通过控制燃料的输送量，可以有效控制锅炉输送的热量。

（3）控制炉膛压力。锅炉的经济、安全运行还与炉膛压力的高低有关。为了保障炉膛压力在安全范围内，必须控制引风量与送风量相适应。如果炉膛压力太低，就会让大量冷风漏入炉膛，导致排烟损失和引风机负荷增大。如果炉膛压力低于一定阈值还有可能发生内爆。因此，控制炉膛压力对锅炉安全工作非常重要。

总之，送风量控制系统、燃料量控制系统、炉膛压力控制系统之间有着密切的联系。要使燃烧过程安全、经济、高效，就要让送风量、燃料量和炉膛压力之间相互协调配合。锅炉正常运行时，必须保证送风量与燃料量保持一定比例，代表这个恰当比例的量被称为锅炉的燃烧率。

1.3.2 燃烧测量系统

测量系统是保证燃烧控制系统正常投运的基础，完整的燃烧控制系统测量应包括风烟系统的测量和制粉系统的测量。

1. 主蒸汽压力测量

主蒸汽压力是表征锅炉出力或蓄热的一个主要运行参数，也是燃烧控制系统的一个重要控制变量，及时、准确地测量机组主蒸汽压力，对于燃烧控制系统的良好投运具有重要的意义。

电厂主蒸汽压力测量方式有就地压力表（弹簧管压力表）和远传压力传感器（智能压力变送器）之分；按测量位置有机侧和炉侧之分。通常进入协调（燃烧）控制系统的主蒸汽压力信号采用机前压力信号，该信号进行三冗余配置。

（1）弹簧管压力表。弹簧管式压力表主要用于液体、气体与蒸汽压力的测量，由于它测量范围广、结构简单、坚固耐用、便于携带使用安全可靠、价格便宜，得到了广泛的应用。其结构原理图如图1-3-1所示，它主要由弹簧管和传动放大机构所组成，其工作原理是弹性元件受压后变形产生的弹性反力与被测压力相平衡后，以测量元件的变形位移为基础来确定所测压力的大小。

（2）智能压力变送器。20世纪80年代起，国外不少过程控制公司相继推出了称之为Smart的智能变送器，如美国Rosemount公司的1151、3051C、Honeywell公司的ST3000和Foxbro公司的850等系列的智能变送器，由于智能变送器具有精度高、量程比大、稳定性好，可以进行在线组态，具有自诊

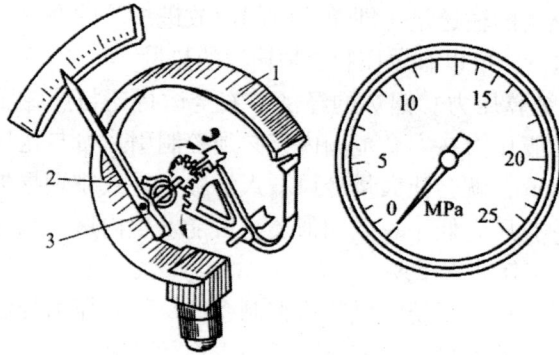

图1-3-1 弹簧管压力表结构原理图

1—弹簧管；2—指针；3—游丝

断与通信功能，因此在短短的时间内就得到了广泛的应用。

智能压力变送器的传感元件主要分为电容式、扩散硅式和电感式三大类，这三类中前两类应用最广，Fisher-Rosemount公司主要采用电容式传感元件，而Honeywell公司则主要采用扩散硅式传感元件。

2. 燃料量测量

在燃料量控制系统中，燃料量信号作为按燃烧率指令进行控制的反馈信号，应能及时地反映实际燃料量的变化。正确及时地测量燃料量是燃料量控制系统的关键问题。

（1）给粉机转速。对采用中间贮仓式制粉系统的锅炉，可采用给粉机转速来间接代表燃料量。但是给粉机转速不能反映煤粉自流等因素的影响，由于煤粉自流，同样的转速，给粉量却可能不一样，这种偏差只有在影响到主蒸汽压力或机组负荷时，才能通过改变燃烧率指令去消除自流等因素的影响。

（2）磨煤机进出口差压。对采用直吹式制粉系统的锅炉，可用磨煤机进出口差压来近似代表燃料量，这是以假定磨煤机出力与其进出口差压的平方根成正比为前提的。但影响磨煤机进出口差压的因素很多，而且该信号的波动也较大。

（3）给煤机转速。对采用直吹式制粉系统的锅炉，如中速磨煤机，也可用给煤机转速求出燃料量。在要求给煤机的转速调节良好的同时，还应考虑到煤层密度、厚度对燃料量的影响，才能使给煤量与转速之间保持确定的关系。

（4）磨煤机容量风。对采用直吹式制粉系统的锅炉，如双进双出钢球磨煤机，可以用磨煤机入口容量风量表示进入炉膛的燃料量。在磨煤机出口风粉浓度稳定的情况下，磨煤机入口容量风量可以较好地表征燃料量，但在磨煤机启停阶段，由于磨煤机内料位未建立或趋于不稳定，因此不能用以表征燃料量。

（5）燃油流量。火电厂燃煤锅炉在启动或稳燃时一般利用燃油，因此需要对燃油消耗量进行计量，以便在总燃料量中考虑燃油的影响因素。相比煤粉燃料的计量来说，燃油计量有较多成熟的产品。燃油流量测量一般采用质量流量计，质量流量计有叶轮式质量流量计、容积式流量计、科氏质量流量计、电磁流量计、超声波流量计等不同类型。这几类质量流量计尽管测量的原理各有不同，但就流量计本身而言，一般由传感器和用于信号处理的变送器组成。变送器可以用4~20mA电流信号输出显示实时的质量流量，同时智能质量流量计本身还可以显示累积流量。

3. 炉温测量

测温探针是一种将热电偶送入炉膛，监测炉膛烟气温度的机械装置。热电偶固定在探枪头部，在烟气中作伸缩运动，移动速度为2.5m/min左右。测温探针由一台有一定功率的电动机驱动，可近操、远操或由DCS驱动。

测温探针作为锅炉启动时的烟温监测装置，用来连续测量该区域的温度，避免再热器被烧坏的危险。测温探针还可用来测量锅炉低负荷运行时的烟气温度，作为辅助控制手段。

测温探针由传动支承系统、测温与控制系统、位置显示与信号输出系统、探管冷却系统、操作与显示仪表系统等几部分组成。

探针启动后，跑车推动探枪前进，装在探枪内的热电偶被送进炉膛，将测得的温度信号传送到DCS，位置信号系统同时将热电偶所在位置也传送给DCS。

4. 火焰电视

电站锅炉火焰电视监视装置是一种从炉壁上部总体监视炉膛内燃料燃烧的工业电视系统。该装置在锅炉点火、低负荷运行、输煤系统等发生危害锅炉正常运行情况时，能够及时发现和处理燃烧故障，以便采取相应措施，防止锅炉运行事故发生。

将潜望镜管安装在炉壁上，摄取火焰信号通过光学系统传递给工业电荷耦合器件（Charge Couple Device，CCD），通过CCD转换成电信号送到控制室的监视器屏幕上，从而使监控人员在控制室内就能清晰地看到炉内火焰燃烧的真实景象。由于工作环境温度高,系统采用仪表风对摄像机进行冷却保护。

图1-3-2是火焰电视系统组成示意图。火焰电视监视系统由主系统和辅助系统组成。主系统即输像系统,主要包括预制管、潜望镜、保护罩、CCD摄像机、信号驱动器和监视器等部件。

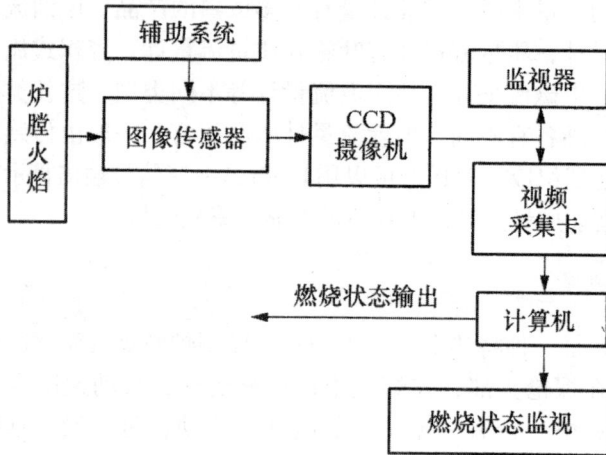

图1-3-2　火焰电视系统组成示意图

辅助系统包括风冷系统、液冷系统及该装置工作状态显示器。风冷系统为潜望镜提供冷却风,由空气压缩机和风管路组成。液冷系统为摄像机提供冷却保护系统,它包括制冷机及载冷剂循环器件。工作状态显示器一般布置在控制室内,它显示超温报警、风源故障、循环泵和空气压缩机运行等状态信号。

1.4　分散控制系统(DCS)与现场总线控制系统简介

1.4.1　火电厂分散控制系统

火力发电是分散控制系统(DCS)一个主要的应用领域,已运行的DCS系统种类较多,具有代表性的有ABB公司的Freelance 800F系统、Honeywell公司的Experion PKS系统和GE上海新华的 XDPS-400$^+$ 系统。

1. Freelance 800F系统

Freelance 800F是ABB公司推出的综合型开放控制系统，它既具备DCS的复杂模拟回路调节能力、友好的人机界面（Human Machine Interface，HMI）以及方便的工程软件，同时又具有与高档PLC性能相当的高速逻辑和顺序控制功能。系统既可连接常规I/O，又支持Profibus、FF、CAN、Modbus等开放型通信协议。系统具备高度的灵活性和扩展性，可用于小型生产装置的控制，也能满足跨厂的生产管理控制应用。

在体系结构上，Freelance 800F系统分为两级：操作员级和过程控制级。操作员级可以配置一个工程师站和几个操作员站，操作员级PC机也可以作为工程师站使用。过程控制级的现场控制器采用可冗余配置的AC800F控制器。操作员级上能实现传统控制系统的监控操作功能，如预定义及自由格式动态画面显示、趋势显示、弹出式报警及操作指导信息、报表打印、硬件诊断等；而且还具有配方管理及数据交换等诸多管理功能。过程控制级可以实现包括复杂控制在内的各种回路调节功能，如PID、比值、Smith预估等控制功能，还具有高速逻辑控制、顺序控制以及批量间歇控制功能。操作员级和过程控制级之间通过工业以太网进行数据通信。

过程控制站的控制器与I/O等各种智能设备和现场仪表间，采用Profibus、FF、CAN和Modbus等国际标准现场总线进行通信。现场控制器AC800F支持Profibus等各种现场总线，可以通过HART协议或现场总线（Profibus–PA和FF总线）与智能现场仪表间进行数据通信。

（1）现场控制站。Freelance 800F系统的现场控制站采用可冗余配置的AC800F作为现场控制器，该控制器是基于开放的国际标准现场总线技术的工业控制器，现场过程仪表可直接或者通过Profibus I/O经由现场总线与AC800F控制器进行通信。对生产过程的实时控制由AC800F控制器完成，程序的执行基于一个面向任务的实时多任务操作系统。

（2）I/O模块。Freelance 800F系统可以连接三种智能型I/O：Rack机架式I/O，S800 I/O，S900 I/O。所有智能I/O模块均可带电热插拔并可以预设安全值，当系统出现故障时保持当前状态或到预设安全值，对现场进行保护。

Freelance 800F系统可以通过CAN总线的方式来连接Rack机架式I/O，Rack I/O的循环扫描时间更快，288个位信号可以在2ms内进行更新。此外，Rack I/O还可以实现事件顺序记录（Sequence of Event，SOE）功能，用以对系统故障进行追忆。

Freelance 800F系统也可以使用Profibus现场总线模块连接远程分布式

I/O，即S800 I/O和S900 I/O。S800 I/O是一个全系列的分布式和模块化的I/O系统，通过Profibus与AC800F控制器进行通信。S900 I/O是具有本质安全功能的智能分布式I/O，可以直接安装在危险区域。

（3）工程师站。通过以太网与现场控制站、操作员站及其他设备进行通信，以实现硬件管理、现场控制站编程、现场总线智能仪表组态、操作员站组态一体化编程及调试，并对整个控制系统进行组态和维护，完成操作员站和现场控制站软件的编制。工程师站上安装的系统软件Control Builder F运行在Windows操作系统上，通过运行软件的选择，可将工程师站属性转换为操作员站属性，也可同时作为工程师站和操作员站，以便进行在线修改和调试及参数整定。

（4）操作员站。通过以太网与现场控制站、工程师站及其他设备进行通信，实现对过程装置的操作、监视和参数记录。由于系统数据库为全局数据库，所以操作员站之间数据及画面完全可以共享，并可互为冗余热备份。

操作员站的主要任务是生产监控，即综合监视来自于过程控制级的所有信息，进行显示、报警、趋势生成、记录、打印输出及人工干预操作（发送命令、修改参数等）。操作员站上安装的系统软件DigiWs运行在Windows系统上，具有很好的人机界面。

2. Experion PKS系统

Honeywell公司自1975年开始，先后推出了TDC2000、TDC3000、TPS（Total Plant Solution）和Experion PKS等分布式控制系统，在火电、水电和风电等电力领域，得到了广泛的应用。

Experion PKS采用容错以太网（Fault Tolerant Ethernet，FTE）、ControlNet、Profibus等多种通信网络技术，现场控制站采用可冗余的C200混合控制器和C300控制器。可以实现系统电源、控制器、网络接口模块、控制网络、I/O模块和DCS服务器等多级冗余配置，提高了系统的可靠性和可扩展性，易于安装和维护。Experion PKS的系统体系结构如图1-4-1所示。

（1）现场控制站。根据实际工程需要现场控制站可采用冗余配置的C200混合控制器和紧凑型C300控制器。

（2）I/O模块。典型的I/O模块有：A系列机架型I/O、A系列导轨型I/O、H系列本安型I/O、C系列I/O和过程管理站PMIO（Process Manager Input/Output）等。一般情况下，A系列I/O、H系列I/O和PMIO可以自由地在采用C200和C300控制器的PKS系统中使用，而C系列的I/O一般用于C300控制器的PKS系统中。

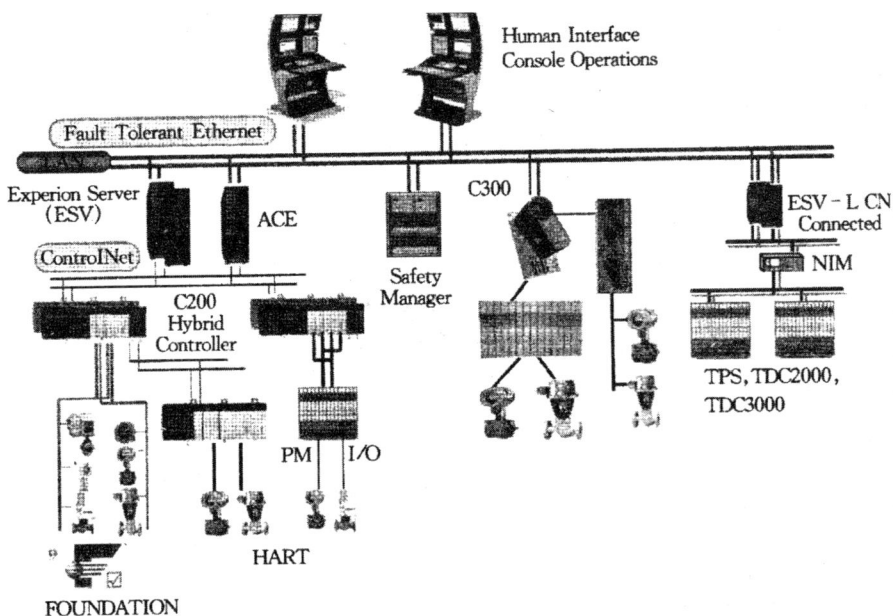

图1-4-1 Experion PKS系统体系结构示意图

I/O模块提供4~20mA或1~5V标准信号输入方式，也提供热电偶、热电阻等信号输入方式，多种数字量输入DI和数字量输出DO模块，并可通过Profibus、FF等与现场总线设备进行通信。

（3）工程师站（服务器）。在Experion PKS中，工程师站的所有功能都可以在服务器上实现。DCS服务器上具有工程和实时数据库，分别存放系统的组态信息和过程参数实时采样数据，并通过实时数据库对过程参数值进行历史数据记录和数据分类处理。整个系统采用统一的数据库SQL Server 2000，并驻留在服务器上，系统所有操作员站所需要的数据均通过服务器获得。

（4）操作员站。它是人机交互窗口，Experion PKS操作员站的人机界面采用HMI Web技术，提供操作界面。用户直接通过IE浏览器来显示和操控各种画面，完成对现场的工艺过程流程、设备状态、过程变量等的监控，以及对系统的报警和事件进行查询和确认处理，完成趋势、报表的查询和打印等功能。

3. XDPS-400⁺系统

XDPS-400⁺（XinHua Distributed Processing System，XDPS）新华分布式处理系统，是新华公司于20世纪90年代早期推出的基于过程控制和企业管理为一体的分散控制系统。XDPS-400$^+$是一个融计算机、网络、数据库、信息技术和自动控制技术为一体的工业信息技术系列产品。其特点是系统的开放性，硬件、软件与通信都采用了国际标准或主流工业产品，构成了开放的工业控制系统。XDPS-400$^+$系统能够适应多种过程的监控和过程管理，占国产DCS市场份额较大，特别是在电力行业（火电和水电）应用最为广泛。

XDPS-400$^+$系统采用环型冗余以太网构成实时通信网络（A网和B网），将分布式处理单元DPU（Distributed Processing Unit）、操作员站OPU（Operate Processing Unit）、工程师站ENG（ENGineer Unit）和历史数据站H SU（Historical Store Unit）等设备连接起来，组成分散控制系统。

XDPS-400$^+$通过冗余的实时通信网络，周期性广播实时信息以及各种计算中间量。通信协议符合ISO/OSI参考模型，数据链路符合IEEE802.3标准，介质访问控制方式为CSMA/CD，网络通信速率为10 Mb/s、100Mb/s。此外，系统还配置了一路采用TCP/IP通信协议的以太网作为信息网络（C网），传输各种文件型的数据以及管理信息，可以方便地实现与其他系统的连接。

XDPS-400$^+$系统的体系结构如图1-4-2所示。

（1）分布式处理单元DPU。DPU是一个独立的工业控制计算机，主要由高性能处理器、高速通信通道、高精度的GPS时钟定时器、大容量的数据存储器、高性能的I/O总线及专用的DPU切换模件等组成。

每个DPU均有两个独立的网络通信接口，通信速率达100 Mb/s，与实时通信网络连接，实现数据的广播和接收。每个DPU最大可以同时挂载8个I/O站，每个I/O站最大管理12个I/O模件；DPU与I/O站之间采用高速I/O总线连接，速率达10Mb/s，I/O站与I/O模件通过硬件电路以并行方式进行通信。DPU也可冗余配置。

（2）I/O模块。XDPS-400$^+$系统提供的I/O模块包括常规过程I/O模块和特殊I/O模块。常规过程I/O模块有四种：模拟量输入AI、模拟量输出AO、数字量输入DI和数字量输出DO模块。

（3）工程师站ENG和操作员站OPU。XDPS-400$^+$系统的所有OPU、ENG等通称为人机接口站MMI（Man Machine Interface），采用常规高性能的PC工作站或PC服务器。

工程师站与操作员站配置相同，ENG和OPU的功能是通过监控软件包的授权来实现的，通过不同级别的授权，任何一个MMI站均可实现操作员站和工程师站的功能。

XDPS-400$^+$系统将MMI站分为四种级别：OPU、SOPU、ENG、SENG。

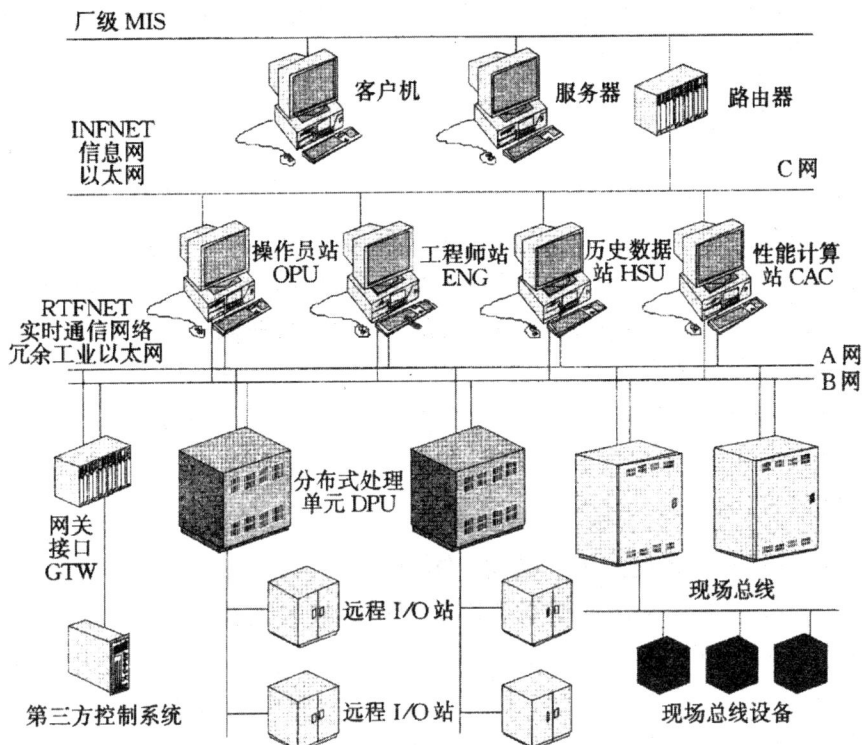

图1-4-2　XDPS-400⁺系统网络体系结构图

其中，OPU只能进行画面监控；SOPU除了画面监控外，还具有组态中修改功能块参数的权限；ENG则具有对DPU进行组态、操作等功能，如控制程序的生成、调试和维护，监控画面的设计等。

1.4.2　现场总线控制系统

现场总线是当今自动化领域的热点之一，它的出现标志着工业控制技术又进入了一个新的时代。现场总线是一种数字通信协议，它将当今的网络通信与管理观念融入控制领域，是连接现场智能设备和自动化系统的数字式、全分布、双向传输、多分支结构的通信网络，是通信技术、仪表工业技术和计算机网络技术等高新技术相结合的产物。

传统的分布式控制系统中，信息交换可以分为三个层次：操作员站、控制站和现场仪表。操作员站和控制站之间是数字通信，控制站和现场仪表之间多为4~20mA或1~5V的模拟通信方式。整个工业过程的控制功能完全由现场控制站来承担，严格意义上讲仍然属于集中控制方式。一旦现场控制站出现故障，由此控制站所承担的这些回路控制将全部失效，因此危险还没有彻底分散。

现场总线技术的出现和大规模集成电路技术的发展，使得大量分布在生产现场的各种现场仪表，如传感器、变送器和执行器等，能够内嵌专用的微处理器，各自都具有数字计算和数字通信能力，从而诞生了智能化现场仪表。这类设备本身就具有信号转换、处理、补偿、校正和数字通信能力，同时还有PID控制等功能以及报警、趋势分析等功能。

现场总线技术的使用，使得控制系统的体系结构发生了彻底的改变。图1-4-3是以现场总线为基础的企业信息网络系统示意图。该系统从生产现场的底层开始，可分为现场控制层、过程监控层、生产管理层和决策层，通过各层的信息交换，构成较为完整的企业信息网络。

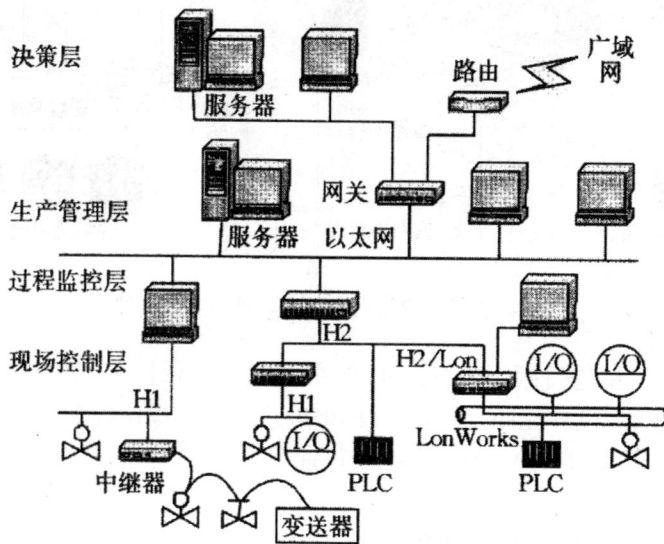

图1-4-3 现场总线系统结构示意图

（1）现场控制层。其通信任务主要由现场总线来承担，通过H1、H2、LonWorks等现场总线网段与工厂现场设备相连。它是现场总线控制系统的最底层，该层的通信网络要求具有可靠的实时通信性能，传输的数据量较小。

（2）过程监控层。主要完成各种现场工艺过程信息的实时显示，并置入实时数据库，进行高级控制与优化计算。通过为操作人员提供人机接口，监控现场设备的状态和过程信息。该层的通信网络和现场控制层的控制网络之间，需要使用各种网关，实现与各种现场总线网段的通信。

（3）生产管理层。主要完成生产调度、生产计划、营销管理、库存管理、财务管理和人事管理等功能。在该层面上，一般由关系数据库收集整理来自各部门的信息，并进行综合处理。该层的通信网络一般采用以太网，对通信的实时性要求不高，但需要传输大量的数据。

（4）决策层。它是工厂信息网络的最上层，为企业生产经营和决策提供依据，并实现整个工厂甚至于整个企业集团的信息共享。在该层面上，网络通信需要考虑安全性，通常通过硬件防火墙和企业外部网络建立连接，并防范各种网络病毒和外部非法访问的入侵。

第2章 锅炉给水系统及自动控制

锅炉给水调节系统也称为水位自动调节系统，它的主要任务有：保证锅炉给水量与蒸发量协调，保持锅炉的水位在允许的范围内；维持给水量的稳定。在给水自动调节的两个任务中，维持锅炉的水位是最为重要的。

2.1　概述

2.1.1　给水控制的主要任务与意义

汽包锅炉给水控制的任务是保证给水量适应锅炉蒸发量，维持汽包水位在合理的范围内。水位过高，会影响汽包汽水分离装置的正常工作，造成出口蒸汽水分过多而使过热器管壁结垢，引起过热器损坏。水位过低，可能导致水循环被破坏，引起水冷壁管烧坏。锅炉汽包的正常水位通常在汽包中心线下100~200mm，运行中通常要求水位维持在给定值±50mm内。同时，大容量锅炉要求实现给水全程控制，从而对给水控制提出了更高要求。

在火力发电厂中，实现锅炉给水全程自动控制后，能确保机组安全、可靠、经济地运行，使发电设施发挥出最大的效能，对电力安全生产有着十分重要的现实意义和社会意义。具体而言，其重要意义主要表现在以下几个方面。

（1）提高发电机组运行的安全性。安全可靠是机组运行的首要条件，特别是对大容量机组更具有重要的意义。汽包是锅炉中体积最大的承压元件，汽包内具有大量高压的饱和水和饱和蒸汽，其破裂而引起爆炸将是一种灾难性的事故。

水位波动频繁及范围较大，会使汽包所承受的热应力也随之波动变化，而应力变化幅度较大，会增大汽包的寿命损耗。水位过高会影响汽水分离装置的正常工作，一方面会导致蒸汽带水严重，易使过热器管壁沉盐结垢，从而影响蒸汽的流动和传热，使过热器管子金属温度升高，甚至局部过热严重而导致爆管；另一方面也会引起蒸汽温度急剧下降，造成蒸汽管道和汽轮机发生水冲击。

可见，汽包水位过高和过低事故均严重威胁机组的安全运行，轻者造成机组非计划停运，严重时可造成汽轮机和锅炉设备的严重损坏。现代大型锅炉，汽包内存水量相对较少，容许变动的水量就更少，如蒸发量为1025t/h 的锅炉停止给水后，不到 10秒水位便会下降 200mm。若是给水量与蒸发量不相适应，也会在几分钟内出现锅炉缺水或满水事故，因而采用运行人员手动保持水位是较为困难的，这就客观上要求必须采用给水自动调节系统对给水进行自动控制。

（2）减少机组运行的安全隐患。采用锅炉给水全程自动控制后，能使锅炉连续均匀地给水，保持汽包水位在允许的范围内波动，一方面可使锅炉的汽压波动较小，使锅炉能在合适的参数下稳定运行；另一方面也可降低汽包所承受的热应力变化幅度。除此之外，人工操作的锅炉易造成过热蒸汽中的含盐量将升高，过热器、阀门、汽轮机调门和叶片上沉积盐垢。过热器盐垢增大将引起传热恶化。而采用锅炉给水自动调节后，这些现象就可以消除，减少了各种安全隐患。

（3）减少运行人员，提高劳动生产率。在机组启动过程的各个阶段，如锅炉上水、点火、升温升压、汽机冲转、并网、带小负荷运行、带大负荷运行等，若给水能实现全程自动控制，则不需运行人员的干涉，控制系统就能保持汽包水位在允许的范围内。

（4）改善劳动条件，减少职业病危害。在锅炉给水控制中，存在着多种调节机构的复杂切换、定压和滑压运行工况的变换、冷态和热态等不同的启动方式等复杂情况，运行人员的劳动强度较大。锅炉给水实现自动控制后，可使运行人员从紧张的精神负担和繁忙的体力劳动中解脱出来，工作强度大大减轻，一般只需集中监视自动化装置的运行情况就可以了。

2.1.2 给水控制对象的动态特性

工业锅炉正常运行的重要指标之一是汽包水位。当水位过高时，蒸汽带水现象会发生，会影响到用户的某些工艺过程；当水位过低时，锅炉系统的汽水自然循环会受到影响，不及时调节的话汽包里的水将会全部汽化，可能会发生锅炉烧塌或爆炸等重大的生产事故。

锅炉水位调节对象的结构图如图2-1-1所示。影响汽包的水位变化有很

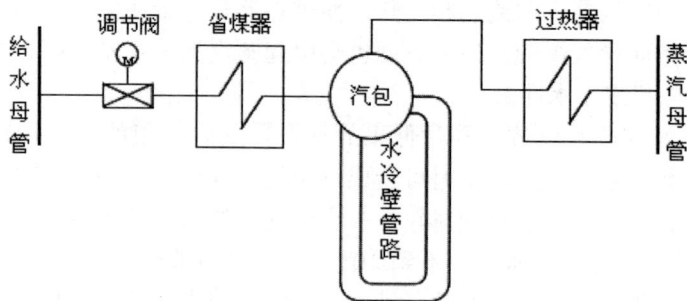

图2-1-1　给水调节对象结构图

多的因素，主要包括燃料量、给水量和蒸汽量，其他的影响因素还有炉膛热负荷、汽包压力变化等。

严格来说，汽包水位是由汽包中储水量和水面下汽泡容积所决定的。所以，所有能引起汽包中储水量和水面下汽泡容积变化的各个因素都是给水控制对象的扰动。总的来说，有下面四个方面。

（1）蒸汽负荷D扰动：包括蒸汽管道阻力的变化和主蒸汽调节阀开度的变化，这个扰动来自汽轮机侧，反映了汽轮机对锅炉的负荷要求。

（2）给水量W扰动：包括给水调节阀门开度的变化和给水压力的变化，这个扰动来自给水管道或给水泵。

（3）锅炉炉膛热负荷Q扰动：这个扰动主要是燃烧率的变化，它将使蒸发强度改变，引起输出蒸汽量和汽水容积中汽泡的体积变化。

（4）汽包压力的扰动：压力的变化将使汽水容积中汽泡的体积发生变化，压力升高，汽水容积中汽泡体积减小，水位下降。反之，汽泡容积增大，水位上升。

以上四种扰动中汽压扰动经常是伴随蒸汽负荷或热负荷扰动而产生的，故不单独讨论。

1. 给水量W扰动下水位变化的动态特性

给水量扰动下水位阶跃响应曲线如图2-1-2所示。当给水量阶跃增加 ΔW 后，实际的水位变化如图中曲线1所示，是曲线 H_1、H_2 的合成。图中曲线 H_1 为不考虑水面下汽泡容积变化，仅仅考虑物质不平衡时的水位阶跃响应曲线，由于给水压力很高，汽包水位变化对给水量的自平衡作用可以忽略不计，可认为是无自平衡能力的积分环节。曲线 H_2 是不考虑物质不平衡关系，仅由给水过冷度（即给水温度低于汽包内饱和水温度）所引起的水位变化曲线，给水的过冷度越大，H_2 的变化幅度越大，其特性可以看作

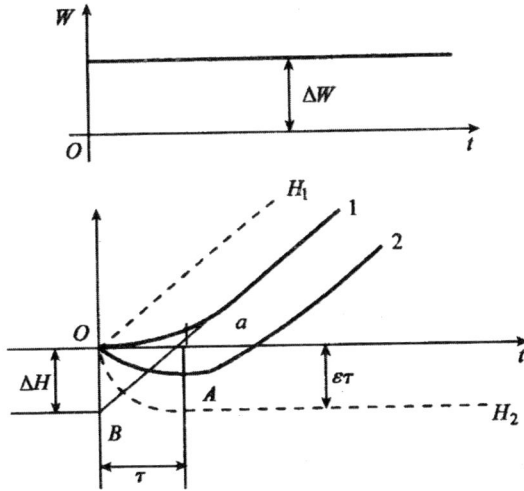

图2-1-2 给水量阶跃扰动下水位响应曲线

一个惯性环节。由曲线1可以清楚看出：给水阶跃扰动后的初始阶段，由于给水过冷度对水位变化的影响，实际水位变化缓慢，经过一段时间之后，水位才呈直线上升，这时就是物质不平衡起主要作用了；如果给水量和蒸发量不平衡状态一直保持下去，则水位一直上升。

以采用沸腾式省煤器的锅炉为例，给水作用下的惯性要比上述采用非沸腾式省煤器的情况严重得多，甚至还可能出现"假水位"现象，如图2-1-2中的曲线2。水位在给水流量扰动下的动态特性可以用下列传递函数表示

$$G_{HW}(s) = \frac{H(s)}{W(s)} = \frac{\varepsilon}{s} - \frac{\varepsilon\tau}{1+\tau s} = \frac{\varepsilon}{s(1+\tau s)}$$

式中，τ 表示迟延时间，可由响应曲线求取。据现场试验资料，对于沸腾式省煤器 $\tau = 100 \sim 200s$，对于非沸腾式省煤器 $\tau = 30 \sim 100s$。ε 为响应速度，可根据响应曲线由下式求取

$$\varepsilon = \frac{\tan\alpha}{\Delta W} = \frac{OB}{OA}\frac{1}{\Delta W} = \frac{\Delta H}{\tau\Delta W}$$

由此传递函数可知，水位对象可近似为一个一阶惯性环节与积分环节的串联或反向并联。

2. 蒸汽负荷扰动下水位变化的动态特性

在蒸汽负荷扰动下水位变化的阶跃响应曲线如图2-1-3所示。当蒸汽量突然增大 ΔD 时，仅从物质平衡关系来看，锅炉蒸发量大于给水量，水位

变化应如图中 H_1 曲线所示。但是，
汽包水位还要受汽水混合物中汽泡
体积的影响，在蒸汽量突然增大时，
汽包水面下的汽泡体积迅速增大。因
此，整个汽水混合物体积增大，水位
升高（曲线 H_2）。由于蒸发强度增
加是由负荷变化要求决定的，满足
外界负荷（扰动）要求后就不再增
大，由此而引起的水位变化可用惯性
环节表示，如图中曲线 H_2 所示。而
实际显示出的水位响应曲线如曲线
H 所示（$H = H_1 + H_2$）。由图中可以
看出，锅炉负荷变化时，汽包水位
的变化具有特殊的形式，当负荷增

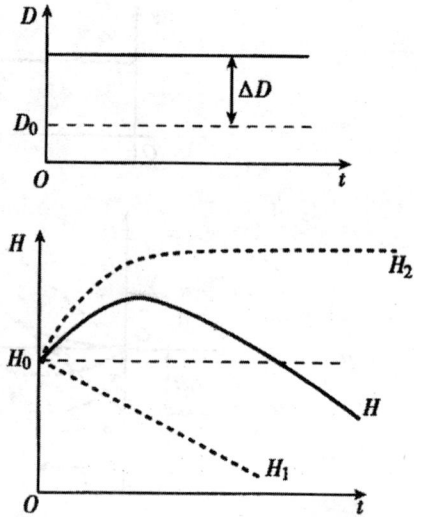

图2-1-3　蒸汽负荷扰动下水位响应曲线

加时，虽然给水量小于蒸发量，但在开始阶段水位不仅不下降，反而迅速
上升。

蒸汽负荷扰动下，水位被控对象可视为积分环节与惯性环节的并联，
即传递函数为

$$G_{HD}(s) = \frac{H(s)}{D(s)} = \frac{K_2}{1 + T_2 s} - \frac{\varepsilon}{s}$$

式中，T_2 表示曲线 H_2 的时间常数；K_2 表示曲线 H_2 的放大系数；ε 表
示曲线 H_1 的响应速度。

需要说明的是，以上讨论中没有考虑汽压的变化。然而，在蒸汽负荷
变化的同时，一定会伴随着汽压的变化。例如蒸汽负荷增大，而燃料量没
有变化，汽压肯定下降，水面下汽泡会由于汽压降低而膨胀，虚假水位现
象会更严重。

3. 炉膛热负荷扰动下水位变化的动态特性

炉膛热负荷扰动是指燃料量B的扰动。当燃料量增加时，锅炉吸收更
多的热量，使水循环系统蒸发强度增大。由于蒸发强度增加，水面下气泡
体积增大，而且这种现象必然先于蒸发量增加发生，从而使汽包水位先上
升，引起"虚假水位"现象。其阶跃响应曲线如图2-1-4所示。由图可知，
虚假水位变化比较慢，幅值也较小。

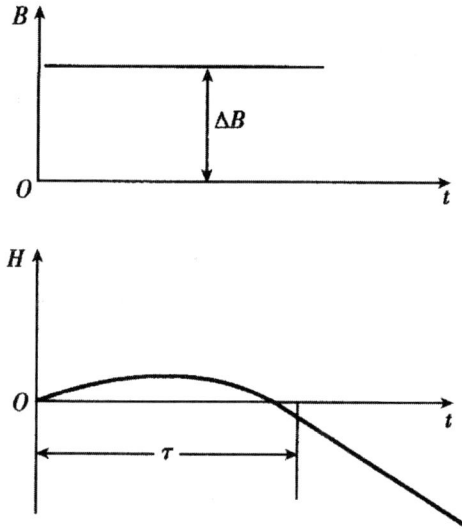

图2-1-4 燃料量阶跃扰动下水位响应曲线

在燃料量阶跃扰动下，水位变化的动态特性可用如下传递函数表示

$$G_{HQ}(s) = \frac{H(s)}{Q(s)} = \left[\frac{K}{(1+Ts)^2} - \frac{\varepsilon}{s} \right] e^{-\tau s}$$

从式中可以看出，这一传递函数增加了一个纯迟延环节。

水位自动控制系统中，影响水位变化的主要因素是蒸汽负荷、燃料量和给水量。其中前两个因素是由锅炉负荷所决定的，属于对象的干扰作用，习惯上称为外部扰动（外扰）；而给水量是维持水位的调节变量，属于对象的调节作用，习惯上称为内部扰动（内扰）。因此，给水量扰动时动态特性参数 ε ， τ 是影响控制系统调节质量的主要参数，是计算和整定参数的主要依据。

2.2　给水自动控制系统

随着机组容量的增大，对水位控制提出了更高的要求，为了保证给水系统的安全可靠，目前汽包锅炉的给水自动控制通常采用三冲量（信号）给水自动控制系统方案。

2.2.1 单级三冲量给水自动控制系统

1. 系统组成

单级三冲量给水自动控制系统如图2-2-1所示，图中FT为流量变送器，LT为液位变送器，$\sqrt{}$ 为开方器，α_D，α_W 分别为蒸汽流量信号和给水流量信号的分压系数。

从图2-2-1可知，给水调节器PI接受了三个信号（H，W，D），其输出通过执行机构去控制给水流量W。蒸汽流量D和给水流量W是引起水位变化的主要扰动。

当蒸汽流量增加时，调节器立即动作，相应地增加给水流量，从而减小或抵消了由于"虚假水位"现象使给水流量与负荷相反方向变化的趋势。当水位H变化或蒸汽流量D变化引起调节器动作时，给水流量W的信号是调节器动作的反馈信号。当给水流量自发变化时，

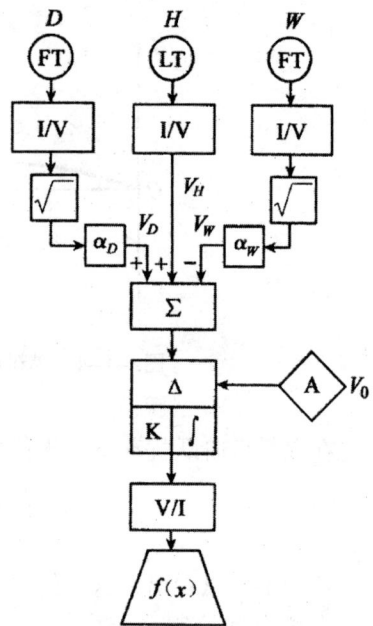

图2-2-1 单级三冲量给水控制系统

调节器也能使调节机构立即动作，使给水量迅速恢复到原来的数值，从这个意义上讲，给水流量信号还起着前馈作用。所以，给水流量W的信号在三冲量给水控制系统中既有反馈信号的作用，同时对给水流量的扰动来说，又具有前馈信号的作用。但在后面的分析中，由于此信号处于系统内回路之中，常常按照反馈信号处理。

需要注意的是，并不是所有锅炉都要采用三冲量给水控制系统。对于低参数小型锅炉，由于其水容量大，虚假水位不是很严重，通常采用单冲量（水位）控制系统即可满足要求，这种系统结构简单，运行可靠。对于虚假水位较严重的中、小型锅炉，也可采用双冲量（水位和蒸汽流量）给水控制系统，此时由于没有给水信号，不能迅速消除给水扰动。

2. 控制系统分析整定

（1）控制系统的静态特性。如图2-2-1所示，单级三冲量控制系统中，水位H、蒸汽流量D和给水量W三个信号送到比例积分调节器。在静态时，比例积分调节器入口三个信号 V_H，V_D，V_W 应与给定值信号 V_0 平衡，即

$$V_D - V_W + V_H = V_0$$

又流量变送器输出经I/V转换、开方器开方后，与流量为线性关系，即 $V_D = \gamma_D \alpha_D D$，$V_W = \gamma_W \alpha_W W$，则上式可写成

$$V_0 - V_H = V_D - V_W = \gamma_D \alpha_D D - \gamma_W \alpha_W W$$

式中 γ_D，γ_W 分别表示蒸汽流量、给水流量测量变送器的斜率。

在静态时，如不考虑锅炉排污等因素，蒸汽流量与给水流量相等（D=W），但如选择不同的 α_W，α_D，γ_W，γ_D 时，则 V_D 与 V_W 不一定相等，于是 V_0 与 V_H 也不一定相等。所以，水位静态特性有图2-2-2所示的三种情况。

① $V_D = V_W$（$\gamma_D \alpha_D = \gamma_W \alpha_W$），此时 $V_H = V_0$，即无论在何种负荷下水位H等于给定值 H_0，一般均取给水流量变送器和蒸汽流量变送器斜率相等，则 $\alpha_D = \alpha_W$，即应选择给水流量信号和蒸汽流量信号分压系数相同。

② $V_D > V_W$（$\gamma_D \alpha_D > \gamma_W \alpha_W$），

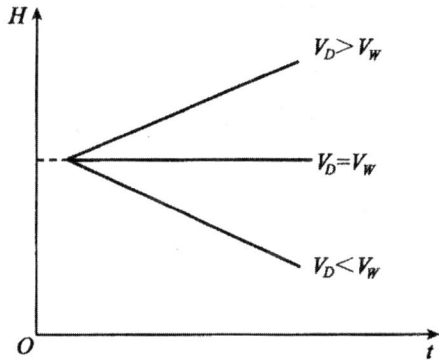

图2-2-2　单级三冲量水位静态特性

此时 $V_H < V_0$。这时随着负荷升高，V_H 值越小才能保证调节器入口信号平衡，而 V_H 值越小，则水位越高。所以，水位静态特性随负荷升高而上升。

③ $V_D < V_W$（$\gamma_D \alpha_D < \gamma_W \alpha_W$），此时 $V_H > V_0$，与上述情况相反，随负荷升高，水位静态特性是下降的。

在给水控制系统中，通常情况下希望水位保持恒值静态特性，则在给水流量和蒸汽流量变送器相同时，应取 $\alpha_D = \alpha_W$。而在某些特殊情况下，也有取其他两种静态特性的。例如，在冲击负荷锅炉中可采用上升静态特性，此时应取 $\alpha_D > \alpha_W$；对于汽包汽水分离效果不好的锅炉可采用下降静态特性，此时取 $\alpha_D < \alpha_W$。

（2）调节器入口信号接线极性。如果蒸汽负荷升高，为了维持汽包水位，调节器的正确操作动作应增大给水流量，即调节器输出控制信号应与蒸汽流量信号的变化方向相同，所以蒸汽流量信号 V_D 应为"+"号（极性）；给水流量信号是反馈信号，它是为稳定给水流量而引入控制系统的，所以 V_W 为"–"号（极性）。

如果汽包水位H升高，为了维持水位，调节器的正确操作应使给水流量减小，即调节器操作方向应与水位信号变化方向相反，但由于汽包锅炉的水位测量装置（平衡容器）本身已具有反号的静特性，所以进入调节器的水位变送器信号 V_H 应为"+"号（极性）。

3. 给水调节器（PI型）参数整定

为了整定给水调节器PI的参数，即比例带 δ 和积分时间 T_1，根据图2-2-1工作原理图可以画出如图2-2-3所示的方框图。从图中可以看出，这个系统由两个闭合回路和一个前馈补偿回路组成：由给水流量变送器 γ_W、分压器 α_W、PI调节器、执行机构 K_z 和调节阀 K_μ 组成的内回路（或称副回路）；由水位被控对象 $G_{HW}(s)$、水位测量装置 γ_H 和内回路组成的外回路

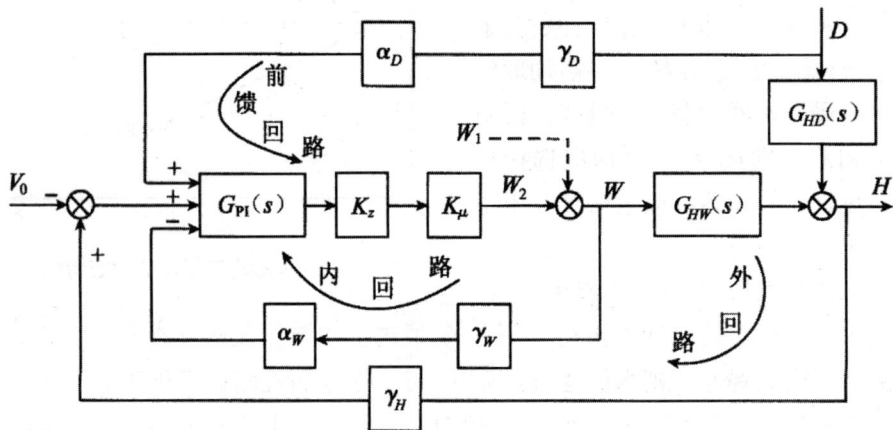

图2-2-3 单级三冲量给水自动控制系统方框图

W_1—给水量自发性扰动；W_2—调节阀动作引起的给水量变化；
$G_{HW}(s)$—给水量扰动下水位对象的传递函数；
$G_{HD}(s)$—蒸汽流量扰动下水位对象的传递函数；
γ_H—水位测量变送设备的斜率；K_z—执行器放大系数；
K_μ—调节阀门的放大系数

（或称主回路）；由蒸汽流量信号D、蒸汽流量测量装置γ_D及分压系数α_D组成的前馈补偿回路。

依据控制理论，前馈回路不影响系统稳定性，所以对系统稳定性的分析应主要着眼于两个闭合回路。当给水量变化时，调节器信号V_W的反应将是非常快的，因此，通过调节器将能及时地消除给水量的偏差，其调节过程要比主回路快得多。这样，在内回路工作时，可以近似认为主回路处于开路状态（实际整定时，内回路则可近似认为是快速随动系统）。于是，对于内回路和主回路可分别进行分析和整定。

（1）内回路。把图2-2-3中内回路方框图单独画出，如图2-2-4所示。

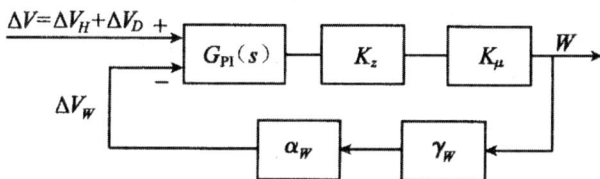

图2-2-4　三冲量给水控制系统内回路方框图

对于内回路可按一般单回路系统进行分析，能将调节器PI之外的环节看作广义被控对象，以$\Delta V = \Delta V_H + \Delta V_D$为输入、W为输出的闭环传递函数为

$$\frac{W(s)}{\Delta V(s)} = \frac{K_\mu K_z \frac{1}{\delta}(1+\frac{1}{T_I s})}{1 + K_\mu K_z \gamma_W \alpha_W \frac{1}{\delta}(1+\frac{1}{T_I s})}$$

$$= \frac{K_\mu K_z (1+T_I s)}{(\delta + K_\mu K_z \gamma_W \alpha_W)T_I s + K_\mu K_z \gamma_W \alpha_W}$$

系统特征方程为

$$(\delta + K_\mu K_z \gamma_W \alpha_W)T_I s + K_\mu K_z \gamma_W \alpha_W = 0$$

由特征方程可知，无论调节器的δ，T_I取值大小，系统特征方程均有一个负实根，内回路的瞬态响应总是不振荡的，因此调节器的δ，T_I均可取的很小，其具体值可通过试验方法来确定，一般$T_I \leqslant 10s$，$\delta \leqslant 30\%$；而不用特征方程来计算确定，因为其特征方程只是一个近似的表达式。

（2）主回路。内回路经过正确整定后，由于其δ，T_I均很小，可看作快速随动系统（给水流量随动于信号ΔV），所以闭环传递函数可近似为

$$\frac{W(s)}{\Delta V(s)} = \frac{1}{\alpha_W \gamma_W}$$

这样可把图2-2-4等效为图2-2-5。在此基础上，可画出图2-2-6所示的主回路简化方框图。

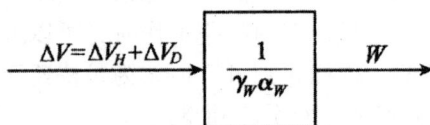

图2-2-5　三冲量给水控制系统内回路等效方框图

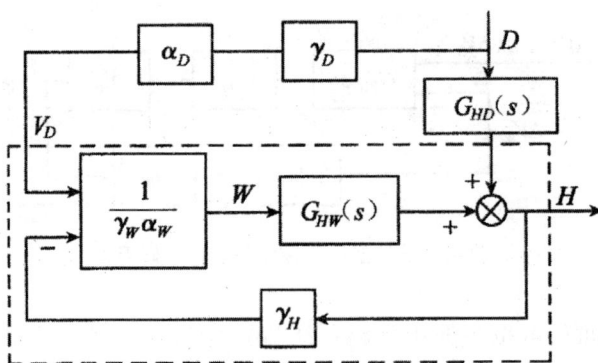

图2-2-6　三冲量给水控制系统简化方框图

从图2-2-6可知，主回路也可看作一个单回路系统，其中被控对象以给水量为输入信号，以水位变送器输出变送电压为输出信号，即广义被控对象为

$$G_0^*(s) = \gamma_H G_{HW}(s) = \frac{\gamma_H \varepsilon}{s(1+\tau)} = \frac{\varepsilon^*}{s(1+\tau)}$$

式中，ε^* 表示广义被控对象的响应速度，$\varepsilon^* = \gamma_H \varepsilon$。

而内回路的等效传递函数相当于主回路的调节器，即等效调节器为

$$G_0^*(s) = \frac{1}{\gamma_W \alpha_W} = \frac{1}{\delta_W}$$

式中，δ_W 表示主回路调节器等效比例带。此时等效调节器为比例调节器。

通常给水流量变送器斜率是已经确定的，等效比例带由给水流量分压系数调整。增大给水流量分压系数 α_W，等于增大主回路等效调节器的比例带，提高主回路稳定性，减少主回路振荡趋势，提高衰减率。但对内回路

来说，上述分析已经指出，内回路开环放大系数与 α_W/δ 成正比，故增大 α_W 就增大了内回路放大系数，因而降低了内回路稳定性裕量，增大了内回路振荡倾向。

（3）前馈补偿回路分析。蒸汽流量信号不在系统闭合回路之内，它的大小不会影响系统的稳定性。其参数 α_D 可按前馈原理整定，即设蒸汽流量扰动时水位不发生变化，由图2-2-6可知

$$DG_{HD}(s) + D\alpha_D \frac{\gamma_D}{\gamma_W \alpha_W} G_{HW}(s) = 0$$

或

$$\alpha_D = -\frac{\gamma_W \alpha_W}{\gamma_D} \frac{G_{HD}(s)}{G_{HW}(s)}$$

由此可知，实现完全补偿时，参数 α_D 是一个非常复杂的环节，在物理上实现有相当大的困难。实际上，由于控制系统已有反馈回路，而且工程上允许水位在一定范围内变化，故一般可按前述的静态配合原则取较简单的形式，即 $\alpha_D = \frac{\gamma_W \alpha_W}{\gamma_D}$ （负号由前馈装置极性开关实现），使锅炉水位在负荷变化时保持在允许的范围内。

2.2.2　串级三冲量给水自动控制系统

1. 系统的组成

为了把控制质量进一步提高，三冲量给水控制系统也可以用串级控制系统的方式实现，其系统如图2-2-7所示。与单级三冲量给水控制系统相比，它有主、副两个调节器。主调节器采用PI控制规律，以保证水位无静态偏差。

和单级三冲量给水控制系统相比，这个系统有下面几个特点。

（1）安全性较好，当给水流量信号 V_W 和蒸汽流量信号 V_D 两信号中由于变送器故障而失去一个信号，或变送器特性发生变化，V_D 和 V_W 平衡关系失去时，主调节器由于积分作用可补偿失去平衡的电流，使系统暂时维持工作。此时，单级系统则无法控制水位在额定值。

（2）两个调节器任务不同，参数整定相对独立，其调节品质比单级系统要好一些。

（3）串级系统还可接入其他冲量信号（如燃料信号等）形成多参数的

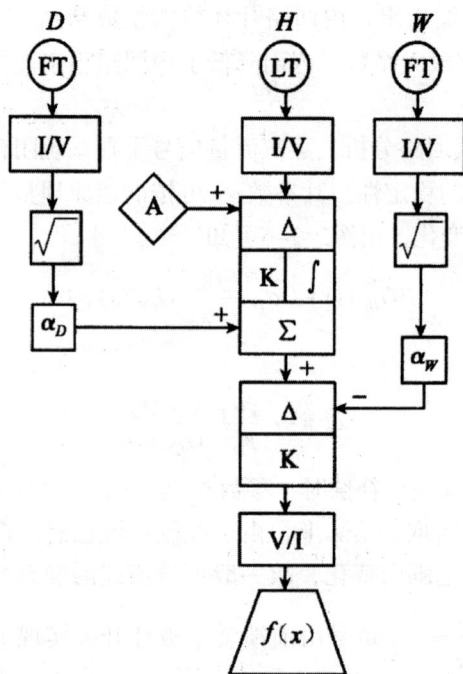

图2-2-7 串级三冲量给水控制系统

串级系统。串级系统的缺点是在汽轮机甩负荷时，它的过渡过程和响应速度不如单级系统快。

（4）负荷变化时水位静态值是靠主调节器PI来维持的，不必要求进行副调节器的给水和蒸汽流量信号间的严格配合，而且可以根据对象在外扰下虚假水位的严重程度适当加强蒸汽流量信号的作用强度，以改善动态过程。

2. 串级三冲量给水控制系统的分析整定

串级三冲量给水控制系统如图2-2-8所示。这个系统也是由两个闭合回路及前馈部分组成：由给水量W、给水流量变送器 γ_W 、给水量信号分压系数 α_W 、副调节器P、执行器、调节阀组成的副回路；由水位被控对象 $G_{HW}(s)$ 、水位变送器 γ_H 、主调节器PI及副回路组成的主回路；由蒸汽流量D、蒸汽流量变送器 γ_D 和蒸汽流量信号分压系数 α_D 组成的前馈控制部分。

接下来将用串级系统的分析方法说明串级给水控制系统的性能和整定方法。

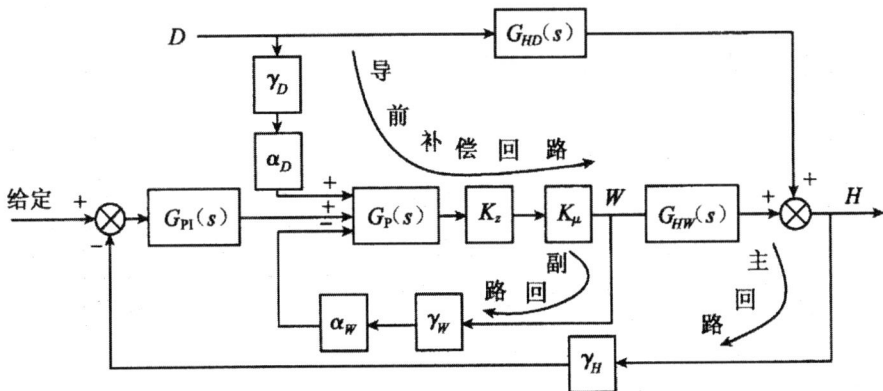

图2-2-8　串级三冲量给水控制系统方框图

（1）副回路。可以将副回路近似看作一个快速随动系统，当给水量发生扰动时，副回路能及时消除其扰动，对水位影响极小。对比图2-2-8和图2-2-3可以看出，图2-2-8的副回路和图2-2-3的内回路基本相同，其分析及参数整定方法也基本相同，不再详述。

（2）主回路。由于副回路与单级三冲量内回路相同，所以在分析主回路时副回路的动态特性可看作比例环节，与图2-2-5所示相同。于是主回路可简化成如图2-2-9所示方框图。这样主回路又等效为单回路系统。如以给水量W为输入信号、水位变送器信号V_H为输出信号，则广义被控对象为

$$G_0^*(s) = \gamma_H G_{HW}(s)$$

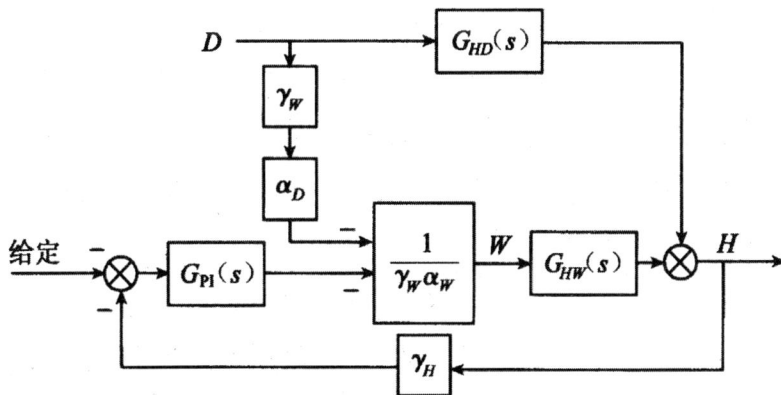

图2-2-9　串级三冲量给水控制系统简化方框图

那么，等效调节器为

$$G_R^*(s) = \frac{1}{\gamma_w \alpha_w} \frac{1}{\delta}(1 + \frac{1}{T_I s}) = \frac{1}{\delta_w}(1 + \frac{1}{T_I s})$$

式中，δ_w 表示等效比例带，$\delta_w = \gamma_w \alpha_w \delta$。

不难看出，α_w 既是副回路的参数，又是主回路的参数。它对主、副回路的影响与单级三冲量系统中的影响相同。若 α_w 减小，则副回路稳定性提高，而主回路稳定性降低。但不同之处在于，单级系统主回路中等效调节器的比例带是 $\delta_w = \gamma_w \alpha_w$，只能用 α_w 来调整 δ_w，这样就会对其内回路产生影响，而串级系统中等效主调节器的比例带是 $\delta_w = \gamma_w \alpha_w \delta$，可用调节器的比例带 δ 调整 α_w，这样就能做到主、副回路互不影响，即由副回路稳定性要求确定 α_w，而由主调节器保证主回路的稳定性。

（3）蒸汽流量分压系数 α_D 的选择。串级三冲量给水控制系统的水位由主调节器校正，静态水位总是等于给定值。送到副调节器的蒸汽流量信号并不要求等于给水流量信号，所以分压系数 α_D 可以根据锅炉虚假水位的情况来确定。如此一来，在负荷变化中可使蒸汽流量信号更好地补偿虚假水位的影响，从而改善调节品质。

2.2.3　采用变速泵的给水控制系统

为了节约能源，目前在大型锅炉中通常采用变速泵控制给水流量。电站锅炉中使用的调速水泵有两种类型：①汽动调速泵。驱动水泵旋转的动力是一台小汽轮机，通过改变小汽轮机的蒸汽流量实现给水泵转速的改变。②电动调速泵。驱动水泵旋转的原动机是定速电动机，电动机与水泵之间的轴连接采用液力联轴器，通过改变液力联轴器中的油位高度实现给水泵转速的改变。

汽动调速泵不仅调节特性好，而且可直接将蒸汽的热能转变为机械能；电动调速泵要经过两次能量的转换，即蒸汽热能由汽轮发电机变成电能，电能再经电动调速泵变成机械能，所以汽动调速泵比电动调速泵有更高的效率。因此，在机组启动和低负荷时还需要配备定速电动给水泵和调节阀门向锅炉供水，这是汽动泵的不足之处。

1. 变速给水泵的安全经济工作区域

如图2-2-10所示，给水泵安全经济运行区是由泵的上限特性、下限特性，锅炉正常运行时的最高给水压力、最低给水压力和泵的最高转速、最

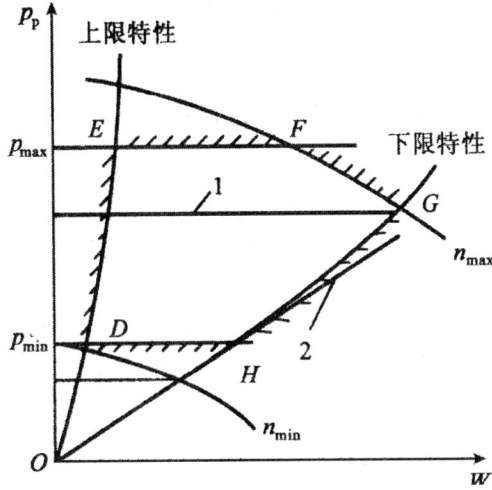

图2-2-10 变速泵的安全经济运行区与锅炉的压力-负荷曲线

低转速所包围的区域DEFGH。此外，变速泵的运行还必须满足锅炉安全运行的要求，即给水压力不得高于锅炉正常运行的最高给水压力 p_{max}，并且不低于最低给水压力 p_{min}。因此，采用变速泵的给水控制系统，在调节给水量的过程中，必须保证泵的工作点在安全经济区域之内，这是设计采用变速泵的给水控制系统时所需要考虑的特殊问题。

不过，对于定压运行的单元机组，由于锅炉的压力负荷曲线（图2-2-10曲线1）大部分落在给水泵的安全经济工作区之内，因此当锅炉负荷在很大的范围变化时，变速给水泵的工作点一般不会滑出安全经济工作区。

对于滑压运行的单元机组，锅炉的出口压力—负荷曲线常取图2-2-10曲线2的形式，即低负荷是定压运行，中高负荷是滑压运行。因此，随着锅炉负荷的变化，变速给水泵的工作点将可能滑出安全经济工作区。例如，假定给水泵原来工作在A点（图2-2-11），对应的转速为 n_1，流量为 W_1，如果锅炉负荷增加，要求给水量增大到 W_2，则此时三冲量给水控制系统动作，使给水泵转速由 n_1 增大到 n_3，满足了负荷的要求，但水泵的工作点将滑到下限特性之外的C点，从而使泵的运行效率下降。如果在提高水泵转速的同时，也改变管道的阻力特性曲线（即关小调节阀开度，使泵的出口压力上升到B点，同时泵的转速升至 n_2），就可以实现既使给水量满足负荷要求，又使泵的工作点不滑出安全经济工作区。

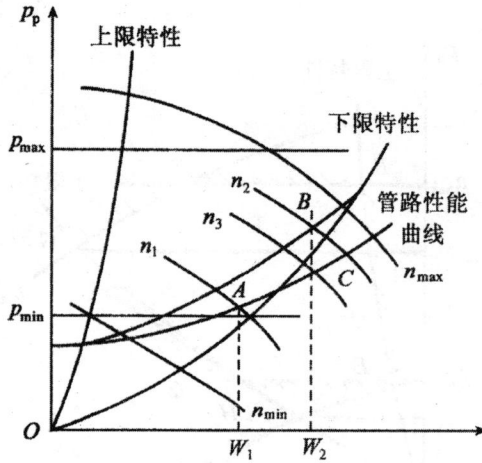

图2-2-11　变速给水泵工作点的调节

2. 采用变速泵的给水控制系统方案

变速泵滑压运行锅炉给水控制系统的任务是维持水位恒定，并保证泵的工作点始终落在安全经济区域内。为了完成这个任务，给水控制系统应包括三个子控制系统：①汽包水位控制系统通过改变泵的转速控制给水流量，以达到维持水位稳定；②泵出口压力控制系统通过改变给水调节阀开度控制给水泵的出口压力，以保证泵在经济安全区域内运行；③泵最小流量控制系统通过控制泵再循环阀门的开或关，保证通过泵的流量不低于泵所规定的最小流量。

图2-2-12为采用变速给水泵的给水控制系统示意图。根据这个方案所设计的给水控制系统如图2-2-13所示。其中图2-2-13（a）为给水泵转速控制系统，这是一个典型的串级三冲量给水控制系统。副调节器输出受高、低值选择器限幅，限幅信号对应于泵的最高、最低转速。图2-2-13（b）为压力控制系统，p_p是水泵出口压力，给水流量形通过函数发生器作为调节器PI3的给定值。这样的压力控制系统可使调速泵的工作点不落到下限特性曲线之外，并保证泵有足够的上水压力。

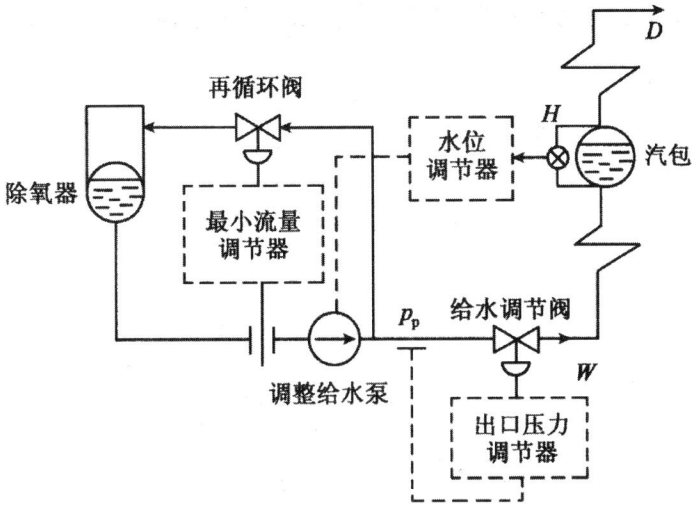

图2-2-12　采用变速给水泵的给水控制系统示意图

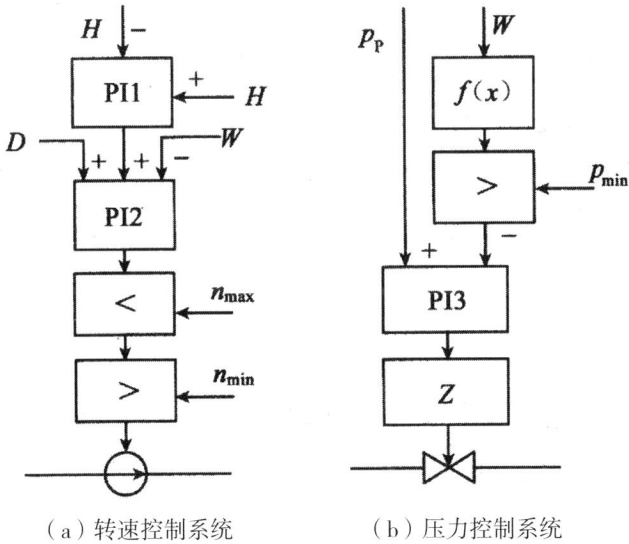

（a）转速控制系统　　　（b）压力控制系统

图2-2-13　采用变速给水泵的给水控制系统

2.3 给水全程自动控制系统

2.3.1 给水全程控制系统

现代大容量单元机组要求采用在不同负荷和工况下都能起到良好控制作用的自动控制系统。全程控制系统能满足这样是要求。

1. 控制方案

在启停过程或低负荷阶段，由于受疏水和排污等因素影响，给水和蒸汽流量存在着严重不平衡，而且流量太小时，测量误差大，故在低负荷阶段，很难采用三冲量调节方式，通常采用单冲量调节方式。当负荷达到一定值时，疏水和排污阀逐渐关闭，蒸汽流量、给水流量趋于平衡，流量逐渐增大，测量误差逐渐减小，这时可采用三冲量调节方式。此处的三冲量系统一般采用串级三冲量系统。

2. 执行机构

早期的锅炉给水控制系统都是采用定速给水泵供水，它的缺点是在锅炉启动、停炉和低负荷运行时，会产生较大的节流损失，给水泵消耗功率大，调节阀门承受的压力也大，容易造成调节阀门的迅速磨损。常采用的变速给水泵有两种类型：①电量变速给水泵。即由定速电动机带动给水泵，电动机与水泵之间的轴连接采用液力联轴器。②汽动变速给水泵。即由给水泵汽轮机带动给水泵，通过改变给水泵汽轮机的蒸汽流量实现给水泵转速的改变。

汽动变速给水泵不仅调节特性好，而且可直接将蒸汽的热能转变成机械能，而电动变速通过两次能量的转换，所以汽动变速给水泵比电动变速给水泵有更高的效率。但是汽动也有它的不足之处，因为驱动给水泵汽轮机的蒸汽是主汽轮机高压缸的抽汽，而在机组启动和低负荷时，主汽轮机高压缸的抽汽太低，无法维持汽动给水泵的运行，所以在机组启动和低负荷时还需要配备电动变速给水泵。

在锅炉运行中，为了保证变速给水泵（包括电泵和汽泵）的安全经济运行，泵的工作点控制在规定的区域内。锅炉在启动、停运的过程中，给水泵流量太小，将使泵的冷却水量不够而引起泵的汽蚀，甚至振动，因此需要控制泵的最小流量，保证给水泵在低负荷运行时的安全。

锅炉在启动过程中，一般先用调节阀，再用电泵，等汽泵起来后再用汽泵。设计控制系统时必须做到在多种调节机构的复杂切换过程中达到无扰切换。

3. 信号测量

由于锅炉从启动到正常满负荷运行的过程中，蒸汽参数会在很大范围内变化，这就使水位、给水流量和蒸汽流量的测量准确性受到影响，因此在采用给水全程控制系统时，必须要求这些测量信号能够自动地进行压力和温度的校正（补偿）。

2.3.2　给水热力系统结构

以某发电厂为例，其给水全程控制系统采用两台变速汽动给水泵。给水控制系统的调节手段主要是通过改变汽动给水泵的转速来改变给水量。在机组启动和备用运行时，还采用了一台液力联轴器调速的电动给水泵和给水旁路流量调节阀来控制给水量；给水全程控制系统有单冲量控制和三冲量控制两种方式，根据锅炉运行的负荷工况，这两种控制方式可以互相切换。在锅炉负荷低于30%时，采用单冲量控制系统；当锅炉负荷高于30%时，由单冲量控制切换到三冲量控制，反之亦然。

机组刚开始启动时，由给水旁路阀调节水位，电泵控制给水泵出口与汽包之间的差压，采用单冲量（汽包水位）控制系统。此时多余的水通过给水泵出口再循环管道返回给水箱，并进行循环，以防止电动给水泵工作在安全经济工作区之外。

当机组负荷升至20%额定负荷，第一台汽动给水泵开始冲转升速。当负荷大于30%MCR时，将第一台汽动给水泵并入给水系统，系统将切换到串级三冲量控制系统。当负荷达40%额定负荷时，第二台汽动给水泵并入给水系统运行。撤出电动给水泵，将其投入热备用。机组在正常运行时是通过改变两台汽动泵的转速来改变给水量的。

2.3.3　给水控制系统分析

1. 测量信号的自动校正

给水全程控制系统正常运行时为三冲量控制系统，所以有三个测量信号需要测量，即汽包水位 H（主信号），蒸汽流量 D（前馈信号），给水流量 W（反馈信号，控制量信号）。

（1）汽包水位的测量。由于汽包中饱和水和饱和蒸汽的密度随压力变化，影响水位测量的精度，所以水位信号要进行压力校正。图2-3-1中采用汽包压力校正的汽包水位测量系统。用差压原理测量汽包水位如图2-3-2所示，由图可知

正压侧压力

$$p_2 = \rho_a L$$

负压侧压力

$$p_1 = \rho' H + \rho''(L - H)$$

差压

$$\Delta p = p_2 - p_1 = L(\rho_a - \rho'') - H(\rho' - \rho'')$$

则水位表达式为

$$H = \frac{L(\rho_a - \rho'') - \Delta p}{\rho' - \rho''}$$

式中，Δp 表示输入差压变送器的差压；ρ' 表示饱和水的密度；ρ'' 表示饱和蒸汽的密度；ρ_a 表示汽包外平衡容器内水柱的密度；L 表示汽水连通管之间的（垂直）距离。

由水位表达式可知，当 L 一定时，水位 H 是差压和汽、水密度的函数。密度 ρ_a 与环境温度有关，一般可取50℃时水的密度。在锅炉启动过程中，水温略有增加，但由于压力也同时升高，这两方面对三的影响基本可抵消，即可近似认为 ρ_a 是恒值。饱和水和饱和蒸汽的密度均为汽包压力 p_b 的函数，所以水位表达式可改写为

$$H = \frac{f_1(p_b) - \Delta p}{f_2(p_b)}$$

图2-3-1中的水位压力自动校正系统，汽包水位 H、汽包压力 p_b 的信号均有三个测点，经三选一模块后，送往单冲量和三冲量给水调节器。

（2）给水流量的测量。对于流量信号的测量一般都要进行温度和压力的校正，但实验和计算都表明，当给水温度不变，而压力在某一个范围内变化时，给水流量的测量误差很小；若给水压力不变，给水温度在某一范围内变化，则水流量的测量误差比较大。所以，给水流量测量只采用温度校正（见图2-3-1中的温度补偿部分）。同样，为保证给水流量的可靠性，采用了给水流量信号三选一方式。

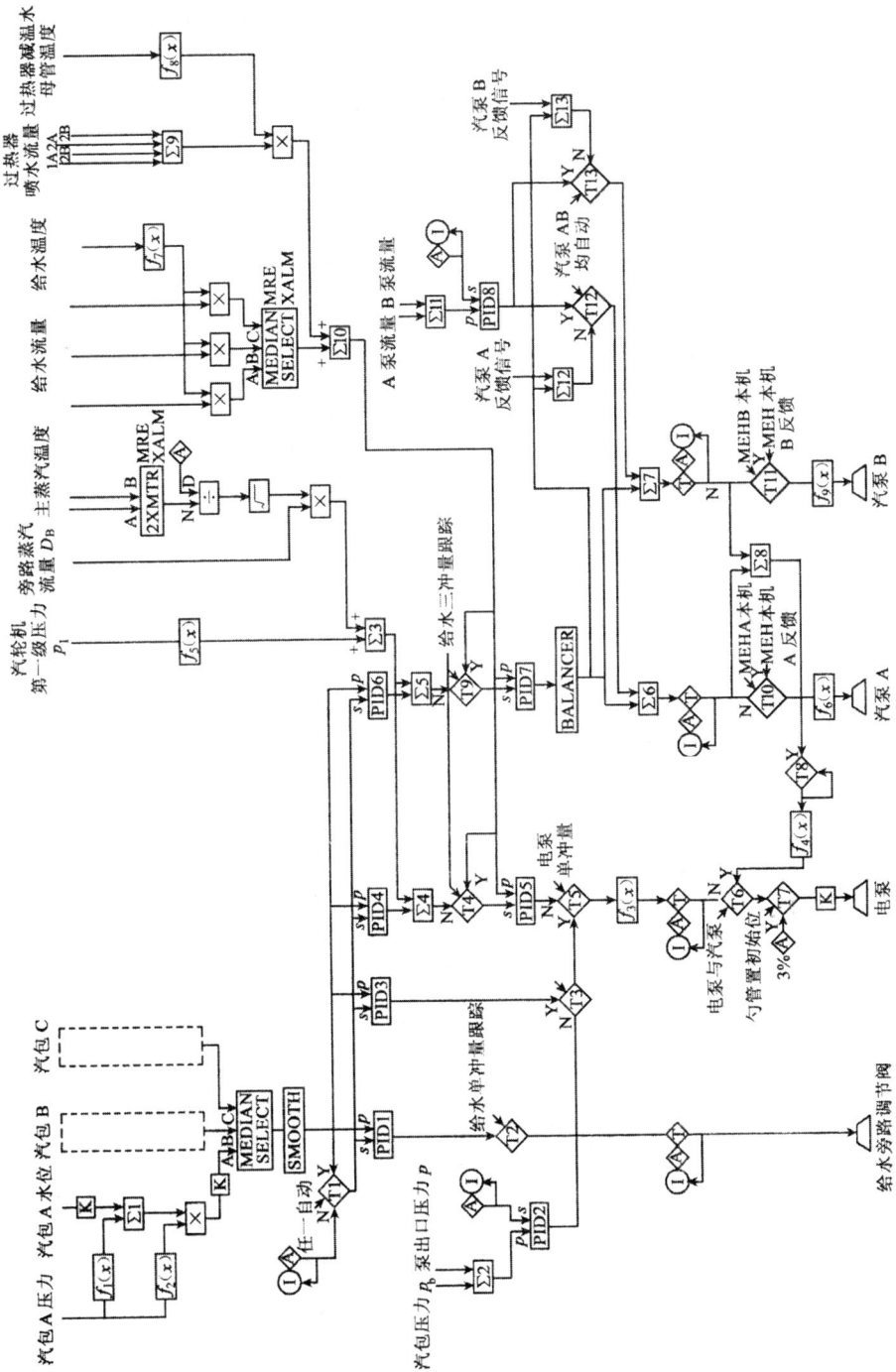

图2-3-1 锅炉给水全程控制系统

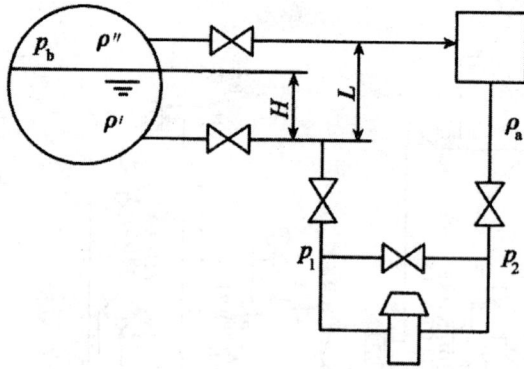

图2-3-2　汽包水位测量系统

给水流量W与给水温度T_E的关系

$$W = \sqrt{\dfrac{\Delta p}{0.38T_E + 9.6575}} \approx \sqrt{\Delta p} \cdot \sqrt{f(T_E)}$$

式中，Δp表示节流元件前后压差；T_E表示给水温度。

因此，系统的温度补偿回路如图2-3-1所示。

因为过热器喷水减温器的喷水量最终也转换为蒸汽流量，相当于进入汽包的物质量，所以此处总的给水流量还应加上过热器的喷水流量。喷水流量包括一、二级减温器（每级A，B两侧）共4个喷水量信号，图2-3-1中由∑9对这4个信号进行求和得出总的喷水量。

（3）蒸汽流量的测量。图2-3-1中上部为蒸汽流量的测量回路，总的主蒸汽流量D来自两个方面。

①主蒸汽流量D_m。此处为了避免高温高压节流元件因磨损带来的误差，采用汽轮机第一级压力p_1代替蒸汽流量。图中蒸汽量信号D_m由p_1经函数$f_5(x)$转换得到。

②旁路蒸汽流量信号D_B。图中旁路蒸汽流量信号要经蒸汽温度修正。总的蒸汽流量应为以上两部分相加而成，即$D = D_m + D_B$。

2. 给水全程控制系统分析

（1）启动、冲转及带15%负荷。这个阶段采用单冲量控制系统，调节器采用水位单冲量调节器PID1，调节器将水位偏差进行运算处理，控制给水旁路调节阀开度，从而使汽包水位在给定范围内。此时A，B两汽动给水泵M/A站强迫为手动状态，汽泵超驰全关，主给水截止阀关闭。此外，在该阶段电动给水泵接受PID2的控制信号，通过调节电泵转速来控制给水泵出口与汽包之间的差压，以保证调节阀的线性度以及足够的给水压力，使汽包上水自如。

（2）升负荷15%~30%。把旁路阀开到80%时，切换开启电动主截止阀，将旁路调节阀全开，关旁路截止阀。此时采用电泵单冲量控制系统。电泵接受单冲量调节器PID3的输出控制电动给水泵转速来调节给水量。当机组负荷升20%额定负荷，第一台汽动给水泵开始冲转升速。当负荷大于30%MCR，汽泵转速达到3250r/min时，第一台汽动给水泵就可并入给水系统。而且系统也将切换到串级三冲量控制方式。

（3）30%~100%负荷阶段。这个阶段采用三冲量系统控制给水泵转速方案，这是控制系统的正常工况。30%负荷阶段可采用电泵三冲量控制系统，也可采用汽泵三冲量控制系统。如果为电泵三冲量控制系统，那么调节器采用PID4、PID5；若为汽泵三冲量控制系统，则采用PID6、PID7。其中PID4和PID6为主调节器，PID5和PID7为副调节器。主调节器接收水位测量值和给定值，其输出与蒸汽D相叠加作为副调节器的给定值，副调节器的测量值为给水量W。蒸汽流量信号D在这里的作用是作为给水流量指令的前馈信号，用以补偿汽包水位的变化和克服"虚假水位"。给水流量信号形的作用一方面是与蒸汽量信号D达到平衡，另一方面也可克服给水量的自发性扰动。主调节器的作用是使汽包水位等于给定值，起细调作用，副调节器的作用是快速克服给水的自发性扰动，使给水量等于蒸汽量，起粗调作用。

（4）泵出口流量平衡控制回路。模块 $\boxed{\Sigma 11}$、$\boxed{\text{PID8}}$、$\boxed{\text{T12}}$、$\boxed{\text{T13}}$ 组成泵出口流量平衡控制回路，其目的是使A，B两台汽泵之间流量平衡切换，即实现给水流量的自动转移，达到两台泵之间无扰切换的目的。当A泵和B泵流量不相等时，其偏差通过调节器PID8运算输出分别给两台泵一个相叠加指令作为副调节器的给定加指令、一个减指令（$\Sigma 6$、$\Sigma 7$），直到两台泵输出相等为止，一通过PID8的设定值可人为调整两泵的负荷分配。此平衡回路起作用的前提是两泵均处于自动状态。这个系统在设计中未设计泵出口流量测量装置，即两台泵的流量转移要人为进行，其原理与一般的两台并列运行的执行机构的工作原理相同。

（5）给水泵最小流量再循环。电动给水泵和汽动给水泵都设计了最小流量控制系统，通过给水再循环，保证给水泵出口流量不低于最小流量设定值，从而保证给水泵的工作特性在安全区内。

给水泵安全工作区可在泵的流量，压力特性曲线表示出来，如图2-3-3所示。泵的安全工作区由6条曲线围成：泵的最高转速曲线 $n_{\max}$ 和最低转速曲线 $n_{\min}$；泵的下限特性曲线 $Q_{\max}$ 和上限特性曲线 $Q_{\min}$；泵出口最高压力曲

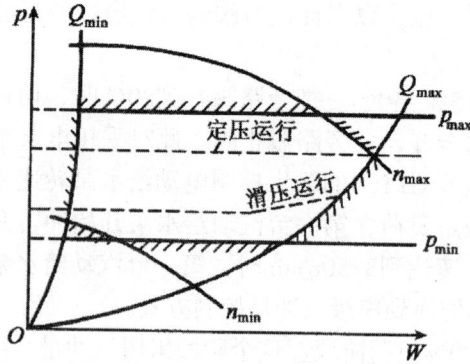

图2-3-3　给水泵的流量—压力特性曲线

线 p_{max} 和最低压力曲线 p_{min}。

如果泵工作在上限特性曲线 Q_{min} 左侧，那么给水流量太小，将使泵的冷却水不够而引起泵的汽蚀，甚至振动；若泵工作在下限特性曲线 Q_{max} 右侧，则泵在大流量下的压力太低，也会引起泵汽蚀。因此，在整个给水全程控制过程中要采取适当的措施保证泵工作在安全经济工作区域内。

通常机组中给水泵最小流量控制系统是用PLC实现。给水泵启动前，必须投入最小流量再循环阀自动控制系统，给水泵启动后，其出口流量再循环阀的调节信号来自给水泵出口管道上流量装置的流量信号。当给水泵出口流量大于最小流量（148t/h）时，自动关闭再循环阀。给水泵在正常运行中，应采用最小流量阀控制方式，只有这样，当给水泵出口流量小于最小流量时，最小流量阀才可自动启动。当给水泵出口流量小于最小流量，而最小流量阀不开启时，延时10s给水泵跳闸。

第3章 汽包锅炉汽温自动控制系统

在汽包锅炉中，蒸汽温度必须控制在一定范围内，如果汽温过高，很容易将锅炉烧坏，而温度过低也不利于生产。要实现蒸汽温度的监控和调节，就需要汽温自动控制系统。本章将讨论串级过热汽温控制系统、双回路汽温控制系统、过热汽温分段控制系统和再热汽温自动控制系统等自动控制系统。

3.1 概述

3.1.1 过热汽温控制的任务

通常而言，中高压锅炉过热汽温的暂时偏差值不允许超过 ±10℃，长期偏差不允许超过 ±5℃。过热蒸汽温度是锅炉汽水系统中工质的最高温度，如果蒸汽温度过高，容易烧坏过热器，也会引起汽轮机高压部分过热，严重影响机组运行安全；而温度过低，则会影响全厂热效率，引起汽轮机末级蒸汽湿度增加。

对于现代大型锅炉来说，过热器由辐射过热器、对流过热器和减温器等组成，其管路比较长，过热汽温自动控制不仅要维持出口汽温在允许范围内，而且要求维持过热器蒸汽流程中各点的过热蒸汽温度一定，以保证整个过热器的安全工作。

3.1.2 过热汽温控制对象的动态特性

引起过热蒸汽温度变化的因素很多，如过热蒸汽流量变化，炉膛燃烧工况的变化，锅炉给水温度的变化，进入过热器的热量、流经过热器的烟气温度和流速等的变化。过热蒸汽温度控制对象的动态特性是指引起过热汽温变化的各种扰动与汽温之间的动态关系。

1. 烟气传热量扰动下汽温对象的动态特性

有很多原因可以引起烟气传热量扰动，如给粉机给粉不均匀、煤中水分的变化，蒸发受热面结渣、过剩空气系数的改变、汽包给水温度的变化、燃烧火焰中心位置的改变等，但归纳起来不外烟气流速和烟气温度对过热汽温的影响。在这种烟气侧扰动作用下，汽温对象的阶跃曲线是有迟延、有惯性、有自平衡能力的。但由于烟气侧的扰动是沿整个过热器长度进行的，所以延迟较小。

2. 蒸汽负荷扰动下汽温对象的动态特性

锅炉负荷变化可引起蒸汽流量的变化。当锅炉负荷变化时，过热器出口汽温的阶跃响应的特点是有迟延、有惯性、有自平衡能力，且迟延和惯性较小。这是因为沿整个过热器管路长度上各点的蒸汽流速几乎同时改变，从而改变过热器的对流放热系数，使过热器各点蒸汽温度也几乎同时改变，直到达到平衡状态为止。

此外，随着过热器出口温度的增加，蒸汽带出的热量增加，由于汽温增加，温差减小，烟气传给蒸汽的热量也减小，使对象有一定的自平衡能力。虽然在蒸汽负荷扰动下，汽温变化特性较好，但蒸汽负荷是由用户决定的，不可能作为控制汽温的手段，只能看作汽温控制系统的外部扰动。

对于不同结构形式的过热器来说，过热汽温随锅炉负荷变化的静态特性是不同的，如图3-1-1所示。对于对流式过热器，随着蒸汽流量D的增加，通过过热器的烟气量增加，炉烟温度随之升高，使得过热器出口汽温升高。

实际应用中，往往将两种过热器结合使用，还增设屏式过热器，且锅炉过热器的对流方式比辐射方式吸热量多。所以，总的汽温随负荷增加而升高。

3. 减温水流量扰动下汽温对象的动态特性

目前广泛采用的过热蒸汽温度调节方法是减温水流量变化。它是引起过热器入口蒸汽温度变化的主要因素。减温器有直接喷水式、自凝喷水式和表面式减温器等类型，通常都采用喷水式减温器。减温水扰动时，汽温控制对象也是有自平衡、有迟延和惯性的控制对象。

在各种扰动下汽温控制对象都是有迟延、有惯性和自平衡能力的，其典型的阶跃响应曲线如图3-1-2所示。在不同扰动下，其动态特性还是有较大差别的，对于一般中高压锅炉，采用减温水流量扰动时，汽温的迟延时

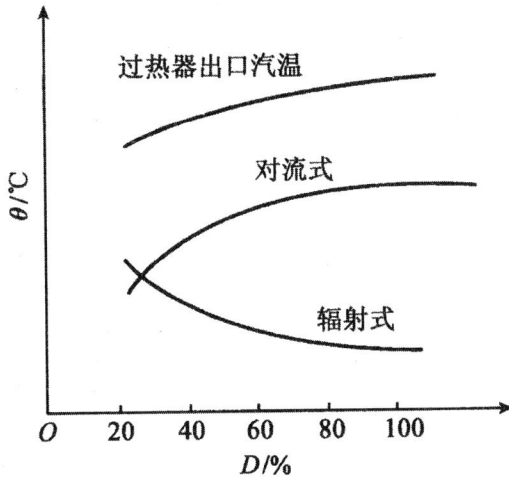

图3-1-1　过热汽温的静态特性

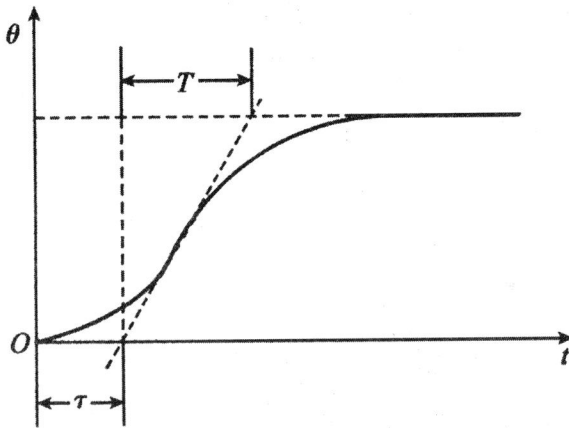

图3-1-2　汽温控制对象的典型阶跃响应曲线

间τ=30~60s，时间常数T=100s；而当烟气侧扰动时，τ=10~20s，T=100s。可见τ/T相差是很大的。

　　目前仍广泛采用喷水减温作为控制汽温的手段。尽管减温水扰动时控制对象的动态特性不够理想，但由于结构简单，且对过热器安全运行比较有利。

　　在设计控制系统时，常常选择迟延和惯性都小于过热器出口汽温θ_2的减温器出口处汽温θ_1作为辅助被控量（称为导前汽温信号），来提前反映调节效果（喷水量的改变）。对象调节通道的动态特性可以看作由两部分组成：以减温水流量 W_j 为输入信号，减温器出口温度 θ_1 作为输出信号的导前区；以减温器出口汽温 θ_1 为输入信号，过热器出口汽温 θ_2 为输出信号的惰性区，其传递函数分别用 $G_1(s)$，$G_2(s)$ 表示，如图3-1-3所示。

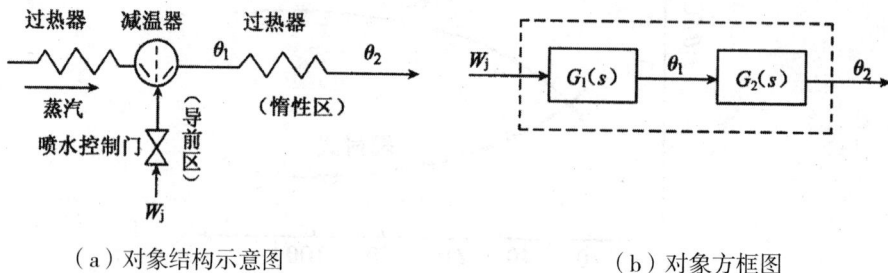

（a）对象结构示意图　　　　　　　　　（b）对象方框图

图3-1-3　被控对象及方框图

3.2　串级过热汽温控制系统

按减温器后蒸汽温度引入点的不同，工程上采用的过热汽温控制方案主要有串级控制系统和导前微分控制系统。近几年，为了克服大容量机组滞后和惯性的增加，还经常采用分段控制系统。

3.2.1　串级汽温控制系统的组成

在减温水量扰动时，主蒸汽温度 θ_2 有较大的容积迟延，而减温器出口蒸汽温度 θ_1 却有明显的导前作用，完全可以构成以 θ_1 为副参数，θ_2 为主参数的串级控制系统，系统结构如图3-2-1所示。系统中有主、副两个调节器，主调节器PI2用于维持主蒸汽温度 θ_2，使其等于给定值，副调节器PI1接受主调节器的输出信号和减温器出口温度信号，副调节器的输出控制执行机构 K_z 的位移，从而控制减温水调节阀门的开度。

3.2.2　串级汽温控制系统的分析

串级汽温控制系统的方框图如图3-2-2所示，有主、副两个闭合控制回路。串级控制系统能够改善调节品质，主要是由于有一个快速动作的副调

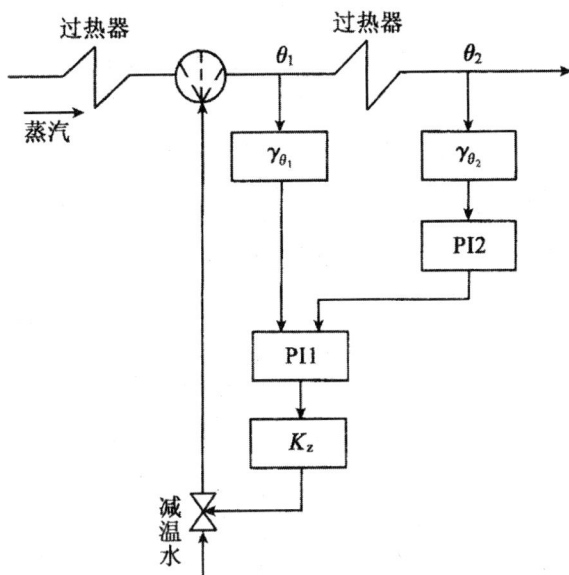

图3-2-1 串级过热汽温控制系统

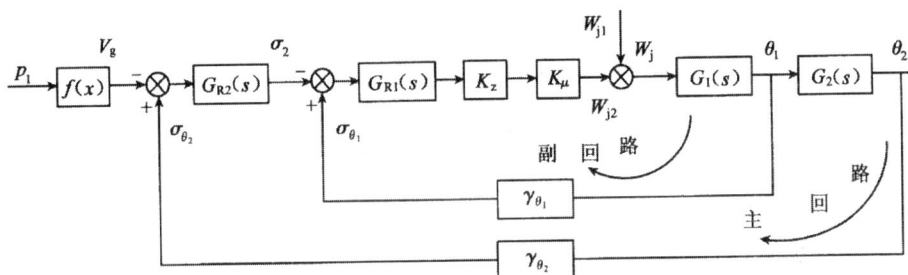

图3-2-2 串级汽温控制系统方框图

W_{j1}—减温水流量扰动； W_{j2}—控制作用引起的减温水流量变化；
$G_1(s)$—控制通道导前区的传递函数； $G_2(s)$—控制通道惰性区的传递函数；
$G_{R1}(s)$， $G_{R2}(s)$—副、主调节器的传递函数； K_z—执行器的放大系数；
K_μ—减温水调节阀放大系数

节回路存在。

由图3-2-2、图3-2-3可以看出，只要导前汽温 θ_1 发生变化，副调节器就会改变减温水流量 W_j，维持后级过热器入口汽温 θ_1 在一定范围内，起粗调作用。而过热器出口汽温 θ_2 是由主调节器来维持的，只要 θ_2 不等于给定值，则主调节器就不断改变其输出信号，通过副调节器不断改变减温水流

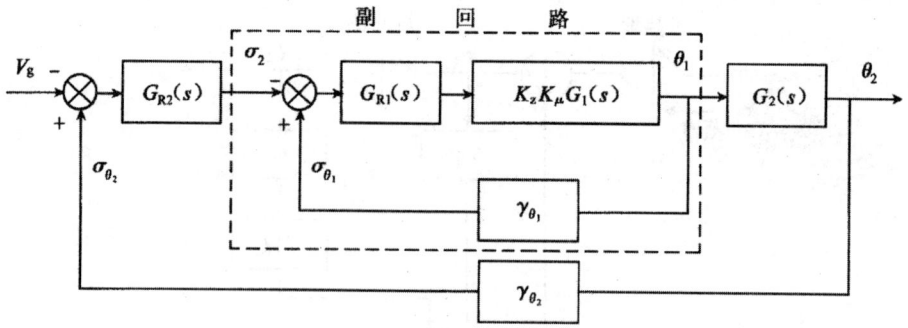

（a）主回路方框图

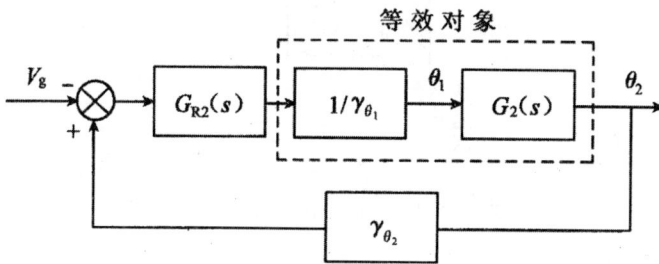

（b）主回路近似方框图

图3-2-3 串级汽温系统的主回路方框图

量，直到 θ_2 恢复到给定值为止。稳态时，导前汽温 θ_1 可能稳定在与原来不同的数值上，过热汽温（主汽温）θ_2 等于给定值，主调节器输出 σ_2 可能也与原来的数值不同，一它作为副调节器的校正信号，相当于改变副调节器的给定值。

串级汽温控制系统的调节品质是优于单回路控制系统的。

（1）当扰动发生在副回路内，如当喷水压力或蒸汽压力改变而引起喷水量自发性波动时，由于导前区实际上就是减温器，其惯性很小，副调节器将能及时动作，快速消除喷水量的自发性波动。此时，主回路可以看作开路系统，从而使过热汽温基本不变，而单回路汽温控制系统必然要影响到主汽温的稳定。

（2）当扰动发生在副回路之外，引起过热汽温偏离给定值时，串级系统首先由主调节器改变其输出校正信号，通过副调节回路改变减温水流量，使过热汽温恢复到给定值。此时可将副回路看作快速随动系统，即近似认为 $\sigma_{\theta_1} = \sigma_2$，则主调节器 $G_{R2}(s)$ 的控制对象可近似等效为 $\dfrac{1}{\gamma_{\theta_1}} G_2(s)$。它的惯性和迟延比采用单回路汽温控制系统时的控制对象 $G_0(s) = G_1(s)G_2(s)$ 要小，见图3-2-3，其调节质量当然优于单回路系统。

3.3　双回路汽温控制系统

3.3.1　双回路汽温控制系统的组成

图3-3-1所示的系统引入了导前汽温的微分信号作为补充信号，在动态时，调节器将根据 $\dfrac{d\theta_1}{dt}$，θ_2 与 θ_2 的给定值之间的偏差而动作；在静态时，$\dfrac{d\theta_1}{dt}$ 信号消失，过热汽温 θ_2 必然等于给定值。如果不采用 θ_1 的微分信号，则在静态时，调节器将保持 $\theta_1 + \theta_2$ 等于给定值，达不到保持 θ_2 为给定值的目标。

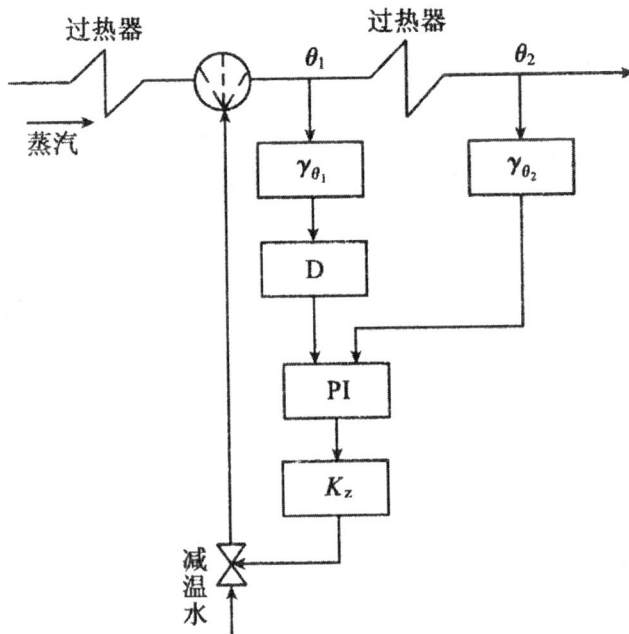

图3-3-1　采用导前汽温微分信号的双回路汽温控制系统

3.3.2 双回路汽温控制系统的分析

采用导前汽温微分信号的双回路汽温控制系统方框图如图3-3-2所示。这个系统也包括两个闭合回路：导前回路和主回路。对于这个控制系统的工作原理，有两种不同的分析方法。

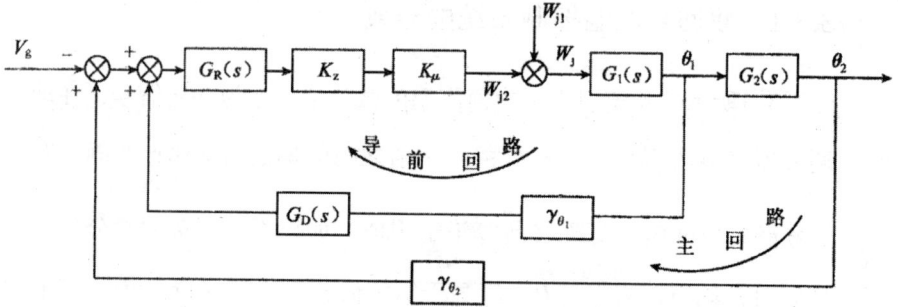

图3-3-2 采用导前汽温微分信号的双回路系统原理方框图

G (s)—微分器的传递函数；$G_R(s)$—调节器的传递函数

1. 串级分析法

采用导前汽温微分信号的双回路系统是串级控制系统的变形。对于图3-3-2所示的方框图，按方框图等效变换原则，可得方框图3-3-3，这是一个串级控制系统的形式。

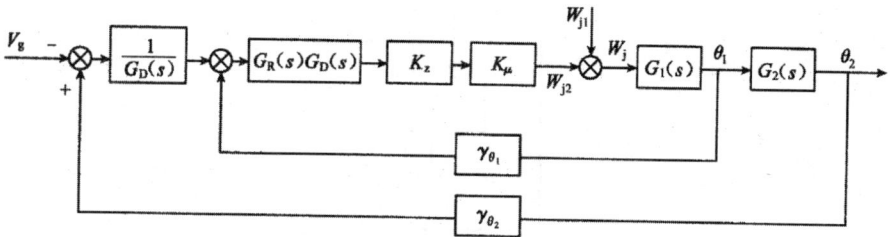

图3-3-3 导前汽温微分信号双回路系统等效为串级系统的方框图

在采用导前汽温微分信号的双回路系统中，设微分器和调节器的传递函数分别为

$$G_D(s) = \frac{K_D T_D s}{1 + T_D s} \ , \quad G_R(s) = \frac{1}{\delta}\left(1 + \frac{1}{T_I s}\right)$$

式中，K_D，T_D 分别为微分器的微分增益和微分时间。

所以，当等效为串级系统时，等效主、副调节器的传递函数应为

等效主调节器

$$G_{R2}^*(s) = \frac{1}{G_D(s)} = \frac{1 + T_D s}{K_D T_D s} = \frac{1}{K_D}\left(1 + \frac{1}{T_D s}\right)$$

等效副调节器

$$G_{R2}^*(s) = G_R(s)G_D(s) = \frac{1 + T_I s}{\delta T_I s}\frac{K_D T_D s}{1 + T_D s}$$

$$= \frac{K_D T_D}{\delta T_I}\left[\frac{\dfrac{T_I}{T_D}(1 + T_D s) + 1 - \dfrac{T_I}{T_D}}{1 + T_D s}\right]$$

$$= \frac{K_D}{\delta}\left(1 + \frac{\dfrac{T_I}{T_D} - 1}{1 + T_D s}\right)$$

$$= \frac{K_D}{\delta}\left(1 + \frac{\dfrac{1}{T_I} - \dfrac{1}{T_D}}{\dfrac{1}{T_D} + s}\right)$$

一般情况下，在实际应用中 $T_D \gg T_I$，即

$$G_{R2}^*(s) \approx \frac{K_D}{\delta}\left(1 + \frac{1}{T_I s}\right)$$

因此，等效主调节器具有比例积分调节器的特性，等效副调节器也近似具有比例积分调节器的特性。

从上述把双回路系统等效为串级控制系统的分析中，可以清楚地看出微分器参数 K_D，T_D 和调节器参数 δ，T_I 对控制系统性能的影响。

（1）微分器参数 K_D，T_D 相当于串级系统中主调节器的比例带和积分时间。按串级控制系统的分析方法，当副回路为快速随动系统时，增大 K_D 将使主回路（主汽温）的稳定性提高，但使主汽温的动态偏差增大。增大 T_D 也会提高主回路的稳定性，但影响不太显著，T_D 增大后，主汽温调节过程的时间拉长。

（2）等效副调节器的比例带是 $\dfrac{\delta}{K_D}$，积分时间是 T_I。T_I 主要影响副回路的调节过程时间，而 $\dfrac{\delta}{K_D}$ 则影响副回路的稳定性和动态偏差。但是，K_D 既是副回路的调节器参数，又是主回路的调节器参数。当 K_D 增大时，虽然提高了主回路的稳定性，却使副回路的稳定性下降。所以，当需要增大 K_D 时，为了保持副回路的稳定性，应相应增大 δ，使 $\dfrac{\delta}{K_D}$ 保持不变。

2. 补偿分析法

此分析方法认为，加入导前汽温的微分信号等于改善了控制对象的动态特性。对于图3-3-2所示的控制系统，当没有微分器时，是由控制对象和调节器组成的单回路系统。引入微分信号所组成的双回路系统进行等效变换后，仍可以看作单回路系统，如图3-3-4所示，只是由于微分信号的引入改变了控制对象的动态特性而已。这个新的等效控制对象的输入仍然是减温水流量信号，但输出信号为 $\theta_2' = \theta_2 + \dfrac{\mathrm{d}\theta_1}{\mathrm{d}t}\dfrac{\gamma_{\theta_1}}{\gamma_{\theta_2}}$。等效控制对象的传递函数可以根据方框图求得

$$G_o^*(s) = \frac{\theta_2'}{W_j(s)} = G_1(s)\left[G_2(s) + \frac{\gamma_{\theta_1}}{\gamma_{\theta_2}} G_D(s) \right]$$

在稳态时，微分器输出为零，所以等效控制对象的输出 $\theta_2' = \theta_2$，在动态过程中，由于微分信号比 θ_1 的惯性和迟延小得多。因此等效对象的输出 θ_2' 的惯性和迟延比 θ_2 小得多。如图3-3-4（b）所示。因而，加入导前微分信号的作用可以理解为改善控制对象的动态特性，或者说使控制对象的动态特性得到"补偿"。

3. 两种汽温控制系统的比较

上述两种典型的过热蒸汽温度自动控制系统，它们在实际应用中一般都能满足生产上的要求，但这两种控制系统在调节质量、系统构成、整定调试等方面各有特点，下面对二者作简单地对比。

（1）对于采用导前汽温微分信号的双回路系统，当等效为串级控制系统时，相当于串级控制系统的主、副调节器均采用比例积分调节器。而实际的串级控制系统中，一般副调节器采用比例或比例微分调节器，而主调节器采用比例积分调节器。由此看来，双回路系统副回路的跟踪性能和校

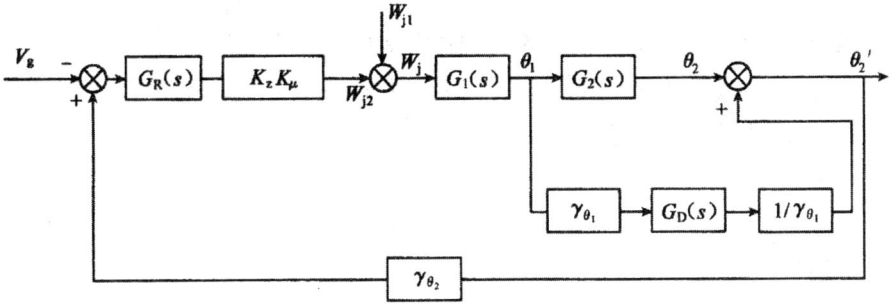

（a）图3-3-2的等效方框图

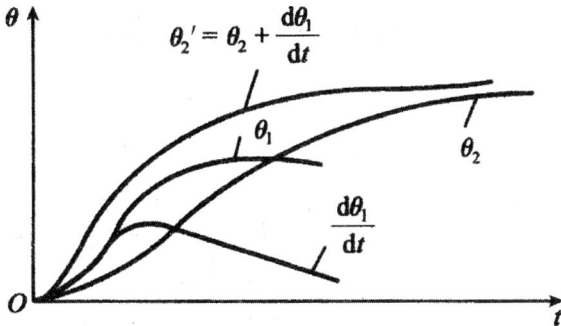

（b）等效控制对象的阶跃响应曲线

图3-3-4 用微分信号改变控制对象动态特性方框图

正作用不如串级系统。

（2）串级系统中，主、副回路相对独立，因此系统投运时的整定、调试直观方便。

（3）从系统结构角度看，双回路所用设备少。

在通常情况下，双回路汽温系统已能够满足生产上的要求，因此在以往的电厂中得到了广泛应用。目前，大容量机组多采用此种控制方案。

3.4 过热汽温分段控制系统

3.4.1 分段定值控制系统

如图3-4-1所示为分段定值控制系统，这是一个二级喷水减温的系统。

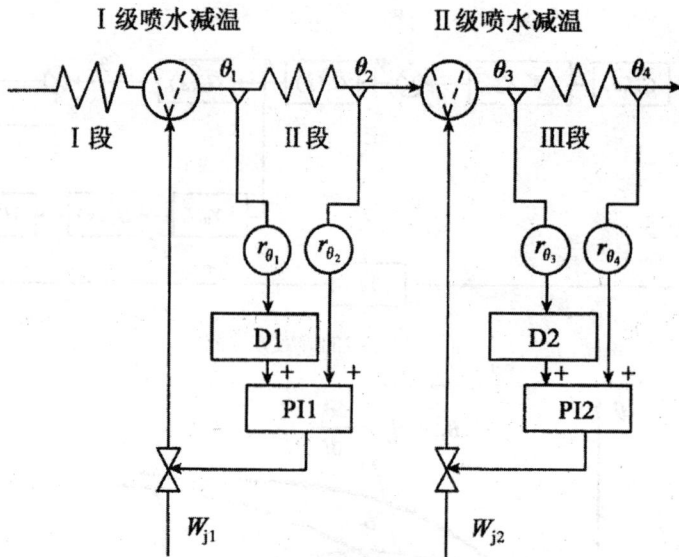

图3-4-1 过热汽温分段定值控制系统

$r_{\theta_1} \sim r_{\theta_4}$—变送器；D1，D2—微分器；PI1，PI2—调节器

第一级减温水将第二段过热器（屏式过热器）出口汽温控制在某一个定值；第二级减温水将第三段过热器（高温对流过热器）出口汽温即主汽温度控制在设定值。分成两段减温后，各级控制系统的对象特性的迟延和惯性都要比采用一级减温水方案时的对象特性的迟延和惯性小，因而可以改善控制品质。

3.4.2　按温差控制的分段控制系统

对于混合型过热器，由于具有辐射特性的屏式过热器与高温对流过热器随负荷变化的汽温静态特性方向相反，若采用图3-4-1的控制方案，负荷的变化将导致两级减温水量分配不均。解决此问题的方法之一是采用按温差调节喷水的控制方案（图3-4-2）。图3-4-2中PI1和PI2，PI3和PI4分别组成两个串级系统。PI1是主调节器，接受来自加法器的二级减温器前后温差信号，副调节器PI2调节一级减温器的喷水量。PI1调节器入口信号平衡式为。

$$\theta_2 - \theta_3 = G - f(D)$$

因此，负荷增加时，温差（$\theta_2 - \theta_3$）将减少，这意味着一级喷水量只有增大一些，才能使I段过热器出口汽温 θ_2 保持在较小的数值。这样就可防止负荷增加时一级喷水量减少，达到两级喷水量相差不多的目的。同时一级多喷的进水量对Ⅱ段过热器来说有超前的作用，因为负荷增加时，Ⅱ段过热器出口汽温肯定是升高的。

PI3和PI4组成的系统和一般串级汽温调节系统是一样的。为了克服负荷扰动时调节过程的滞后和惯性，图3-4-2中采用了一个负荷前馈信号（蒸汽流量比例加微分），同时送至PI2和PI4，以提高调节质量。

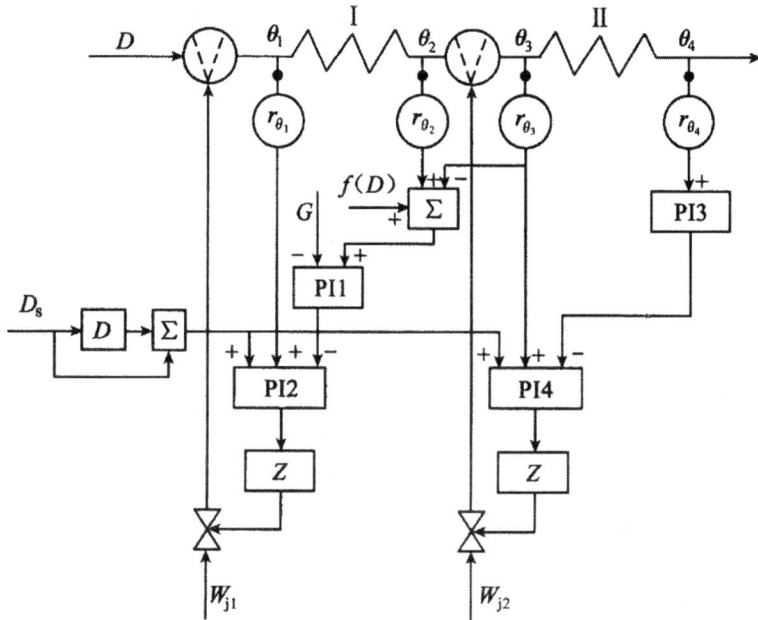

图3-4-2　温差调节喷水控制系统

G—给定值；$f(D)$—随蒸汽量变化的函数发生器；
Σ—加法器；$r_{\theta_1} \sim r_{\theta_4}$—变送器；$D_s$—负荷信号；Z—执行器

3.5　再热汽温自动控制系统

再热器往往布置在较低的烟温区，通常具有纯对流式的汽温静态特性，其入口工质状况取决于汽轮机高压缸排汽工况。同时，受热面积、给水温度的变化、燃料改变和过量空气系数的变化都对再热汽温有影响，因而再热汽温的变化幅度较过热汽温大得多，所以大型机组必须对再热汽温进行控制，维持再热器出口汽温为给定值。

3.5.1 再热蒸汽温度的控制方式

再热汽温的控制，通常都采用烟气为调节手段，实际采用的烟气调节方式一般有变化烟气挡板位置、采用烟气再循环、摆动燃烧器角度和多层布置燃烧器等。此外，还可采用汽–汽热交换器、蒸汽旁通和喷水减温等方法。以下简单介绍几种方式。

1. 采用烟气再循环的再热汽温控制

如图3-5-1所示，烟气再循环是采用再循环风机从锅炉尾部低温烟道（一般为省煤器后）中抽出一部分温度为250℃~350℃的烟气，由炉子底部（如冷灰斗下部）送回到炉膛，用以改变锅炉内辐射和对流受热面的吸热量分配，以达到调温的目的。

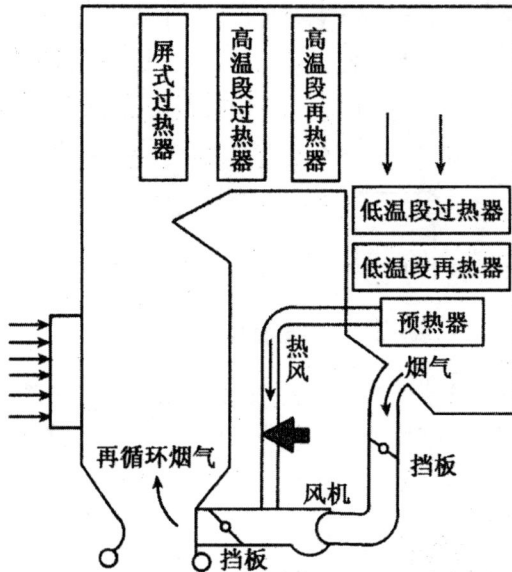

图3-5-1 烟气再循环示意图

采取再循环烟气调节再热汽温的优点是反应灵敏，调温幅度大，在近代大型锅炉中，还常用来减少大气污染，因此得到广泛应用；缺点是设备结构较复杂。

2. 采用烟气挡板的再热汽温控制

如图3-5-2所示，采用这种方法需把锅炉尾部烟道分成两个并联烟道，在主烟道中布置低温再热器，旁路烟道中布置低温过热器，在低温过热器的下面布置省煤器，调温挡板布置在烟温较低的省煤器下面。挡板开度与汽温变化也不成线性关系。为此，通常将主、旁两侧挡板按相反方向联动连接，以加大主烟道烟气量的变化和克服挡板的非线性。

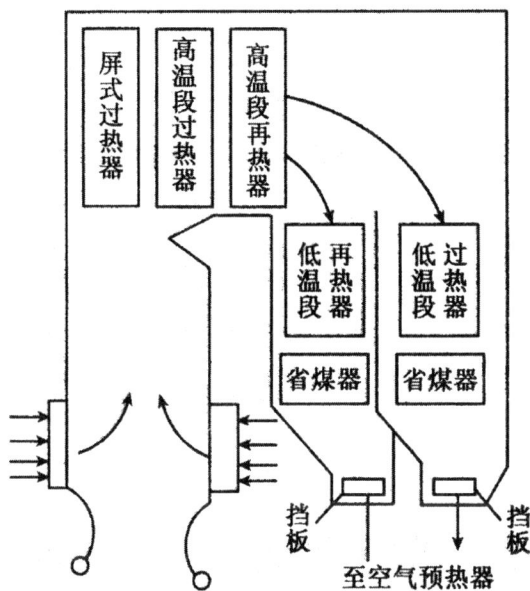

图3-5-2 烟气挡板控制再热汽温烟道布置示意图

3. 采用喷水减温方式的再热汽温控制

喷水减温在正常情况下对于再热器不宜采用，这种方式将降低整个系统的热效率。但喷水减温方式简单、可靠，常作为再热汽温超过极限值的事故情况下的保护控制手段。然而，目前一些引进的滑压运行机组，也有采用喷水减温作为再热汽温的主调手段的。

4. 采用摆动燃烧器角度和多层布置燃烧器方式的再热汽温控制

采用摆动燃烧器角度和多层布置燃烧器方式，实际上是改变火焰中心位置，从而改变炉膛出口烟气温度、调节锅炉辐射和对流受热面吸热量比例，达到调节再热汽温的目的。

5. 采用汽-汽热交换器的再热汽温控制

这种方法是在炉外设置一组用一次蒸汽来加热再热蒸汽的热交换器，利用三通阀改变流经热交换器的再热蒸汽量来控制再热汽温的。由于汽-汽热交换器的调整范围很小，还必须辅以喷水。

3.5.2 再热蒸汽温度控制系统实例

再热汽温控制主要用摆动燃烧器倾角的方法来实现。摆动燃烧器倾角可改变炉膛火焰中心的位置和炉膛出口的烟气温度，使各受热面的吸热比例相应发生变化，达到控制再热汽温的目的。例如，当温度高于设定值时，可使燃烧器摆角向下倾来降低再热汽温。为了防止再热汽温过高，再热汽温控制系统中设置了两个喷水减温控制回路。此处采用一级喷水，减温器位于壁式再热汽入口处。

再热汽温控制系统如图3-5-3所示，它包括：①由调节器PID1等组成的单回路控制系统，被控量为再热汽温信号，调节机构为燃烧器，它是正常的调温手段；②由调节器PID2，PID3和PID4，PID5等分别组成A，B两侧串级控制系统，它们的调节机构分别为A侧和B侧再热器减温喷水阀。喷水减温是避免温度过高的一种保护手段，仅在再热汽温比设定值高5.5℃时才自动投入工作。

1. 再热汽温的给定值（信号）

再热汽温的给定值既与锅炉负荷有关，又与机组的运行方式有关，所以再热器温的给定值如图3-5-3所示，它由函数发生器$f_1(x)$、$f_2(x)$和切换开关T1实现$f_1(x)$和$f_2(x)$的输入信号为调节器压力信号。机组在定压运行方式时，给定值由$f_1(x)$输出，在滑压运行时，由$f_2(x)$输出。喷水减温调节器的设定值为正常给定值再加上5.5℃的偏置，即将喷水减温调节器的给定值提高5.5℃。

2. 摆动燃烧器倾角控制系统

摆动燃烧器倾角控制系统为带前馈的单回路控制系统，它的测量值为A，B两侧再热器出口联箱汽温经大选（以便使实际再热器温度不会过高）出来的信号，它为再热器出口温度，即最终所要控制的温度。该值与设定值进行比较，偏差经调节器PID1运算处理，再在Σ3中与总风量及其微分构

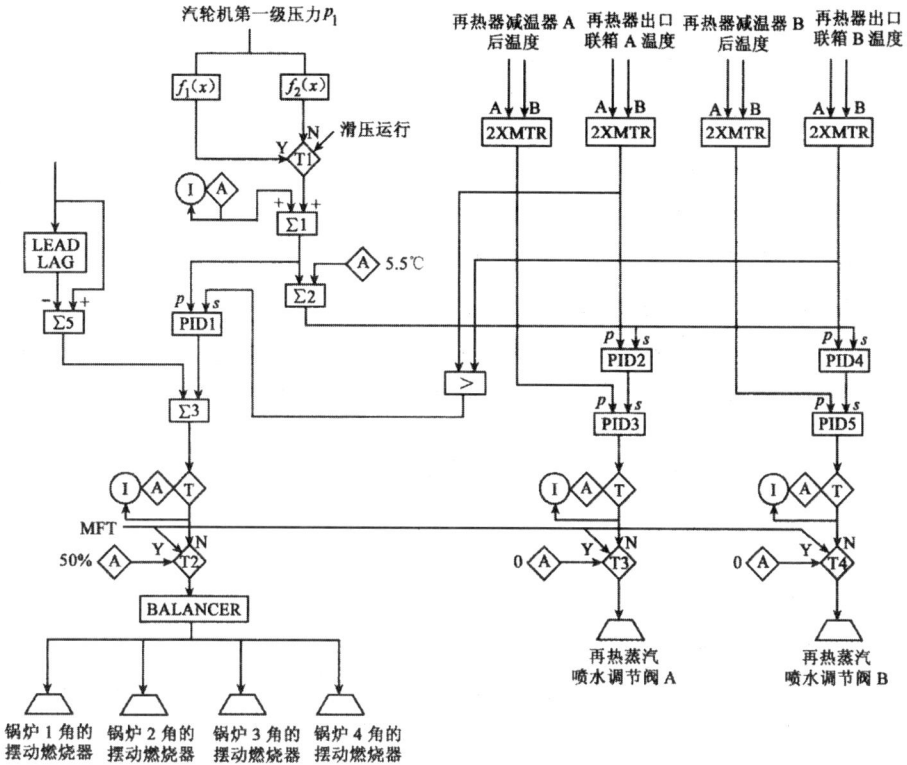

图3-5-3　再热汽温控制系统

成的前馈信号相叠加，后经M/A站去控制燃烧器倾角，最终达到控制再热器出口汽温的目的。

　　这里把总引风量及其微分作为前馈信号，是因为风量信号是引起再热汽温变化的一个重要原因，将该信号作为前馈信号可提高再热汽温的控制品质。燃烧器摆角控制指令分4路并行输出，分别送往锅炉炉膛4个角的执行机构，即4个角同步动作。每一个角的六层燃烧器是同步动作的，受同一个执行机构控制。

　　3. 喷水减温控制系统

　　喷水减温控制系统为典型的串级双回路控制系统，而且不带前馈信号，其原理与过热汽温系统相同。这里需要特别说明的是，温度的设定值为正常设定值加5.5℃，即比燃烧器倾角控制系统设定值高5.5℃。加此偏置的目的是抬高喷水减温控制系统的设定值，即当温差不是太大时，尽量用燃烧器倾角调节，喷水减温控制仅作为再热汽温超过极限值（大于5.5℃）

的事故情况下的保护控制手段。后来的设计中均将两侧的喷水减温调节器设定值改为手动设定。

通常的喷水减温设定值应既与T1输出的汽温给定值有关，也与燃烧器倾角位置有关。在燃烧器倾角在最高位置时，设定值为最大，为T1输出汽温的给定值加某一偏置值（比如5.5℃），随着燃烧器倾角向下移动，叠加的偏置越来越小，等到燃烧器倾角到最低位置时，偏置值为0，因为此时燃烧器已没有调节余地了，只能靠喷水减温来降低温度，只要温度比设定值高，就应该喷水。

当出现主燃料跳闸（MFT）时，切换开关T2动作将燃烧器摆角指令输出50%，即将其置水平位置；T3，T4动作关闭A，B两侧喷水调节阀，同时M/A站切手动。

3.6 600MW过热汽温控制系统的应用

以某600MW机组过热汽温控制系统为例，它采用两级喷水减温控制方式。一级减温器在分隔屏入口，二级减温器在高温对流过热器入口。过热器A，B两侧对称布置，在末级过热器出口联箱后汇合进入汽轮机，因此过热汽温控制系统包括A，B两侧的控制系统。两侧控制系统的结构及工作原理完全相同。

3.6.1 一级减温控制系统

一级减温控制系统如图3-6-1所示，这种系统是一个在串级双回路控制的基础上，引入前馈信号的喷水减温控制系统。图中PID1为主调节器，PID2为副调节器。主调节器接受的测量值是二级减温器入口蒸汽温度，设定值来自加法器$\Sigma 1$。过热汽温的给定值既与锅炉负荷有关，又与机组的运行方式有关，所以过热汽温的给定值由函数发生器$f_1(x)$，$f_2(x)$，切换开关T1，加法器$\Sigma 1$这些环节来决定，$f_1(x)$和$f_2(x)$的输入信号为汽轮机第一级压力p_1（代表锅炉负荷）。

机组在定压运行方式时，给定值由$f_1(x)$输出，在滑压运行时，由$f_2(x)$输出，具体由切换开关T1根据逻辑条件来选择。运行人员可通过$\Sigma 1$加入偏置信号。PID1的输出值作为副调节器PID2的设定值，副调节器的测量值为一级减温器出口温度。PID2输出在$\Sigma 2$中与状态观测器来的前馈信号

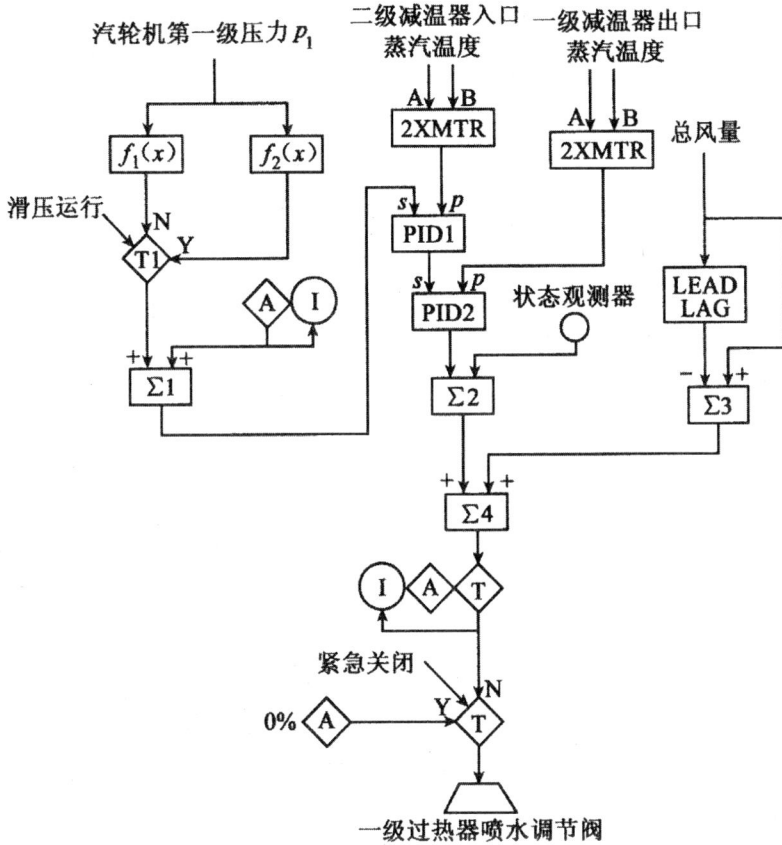

图3-6-1　一级减温控制系统

叠加，再在∑3中与总风量及其微分的前馈信号相叠加，然后经过M/A站输出，控制一级过热器喷水调节阀的开度。

在图3-6-1中，主调节器的作用是维持二级减温器入口蒸汽温度等于给定值，起细调作用。副调节器的作用是快速克服内扰，起粗调作用。图中还引入状态观测器，将状态反馈与PID控制相结合，从而改善控制效果，状态控制器主要是为了改善大滞后对象控制效果而引入的。

将引入总风量的微分作为前馈信号是因为总风量的变化是引起过热器温度变化的主要扰动信号，引它们作为前馈信号，可以抑制它们对过热汽温的影响。此处引入总风量的实际微分信号可以提前动作，更好地克服汽温对象的惯性，提高汽温控制系统的品质指标。

3.6.2　二级减温控制系统

二级减温控制系统如图3-6-2所示。该系统与一级减温控制系统的结构基本相同，也是一个带前馈的串级双回路控制系统，不同之处仅为主调节器的设定值和测量值。这里的主调节器的测量值采用双测点，因为二级过热汽温控制系统是锅炉出口蒸汽温度的最后一道控制手段，所以为了可靠，此处采用了双测点。

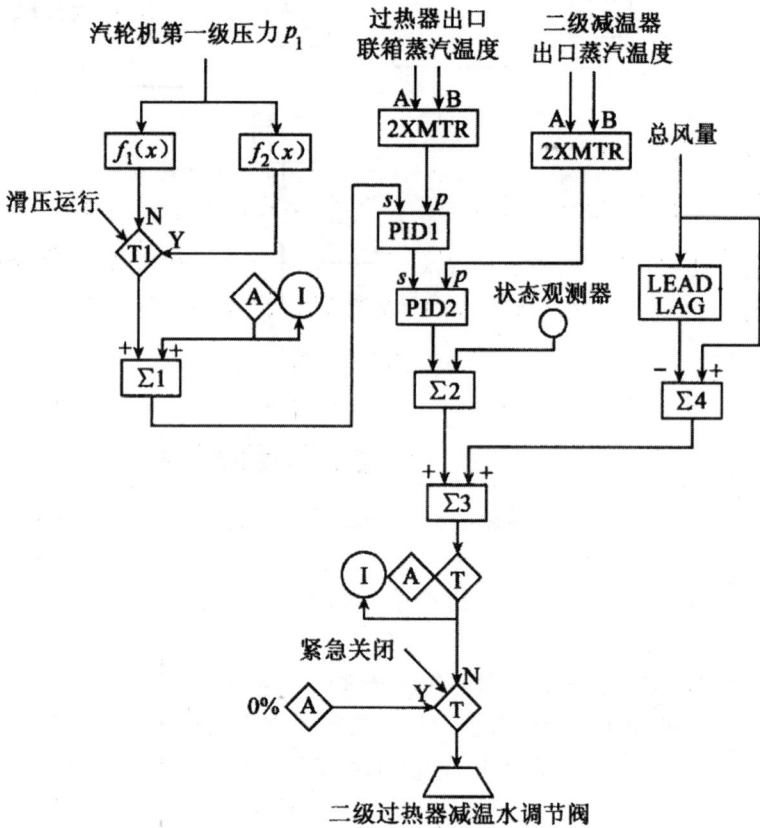

图3-6-2　二级减温控制系统

第4章 单元机组协调控制系统的组成及应用

单元机组是一个复杂的多输入多输出过程，当一个参数变化时，会引起多个参数的变化。如机组负荷的变化就会引起主汽压力、主汽温度、汽包水位等参数变化，甚至可能发生较大波动。

4.1 单元机组协调控制系统的特性

4.1.1 单元机组控制对象的特点

以自动控制为判断标准，组成单元机组的锅炉和汽轮机控制对象具有下面两个最重要的特点。

（1）单元机组是一个典型的多输入、多输出、相互耦合的复杂被控对象。可用如图4-1-1所示的方框图表示。其中汽轮机调节阀开度U_t、燃烧率（燃料经燃烧而产生的有效热量）U_b为输入量。机组功率N_e、主蒸汽压力P_t

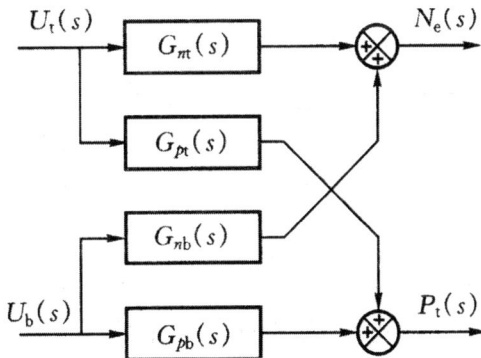

图4-1-1 单元机组被控对象原理图

为输出量。调节阀开度、燃烧率对机组功率和主蒸汽压力都有影响，它们之间的关系可用如下的传递矩阵表示

$$\begin{bmatrix} N_e(s) \\ P_t(s) \end{bmatrix} = \begin{bmatrix} G_{nt}(s) & G_{nb}(s) \\ G_{pt}(s) & G_{pb}(s) \end{bmatrix} \begin{bmatrix} U_t(s) \\ U_b(s) \end{bmatrix} \tag{4.1.1}$$

式中，$U_t(s)$ 为调节阀开度的拉氏变换；$U_b(s)$ 为燃烧率的拉氏变换；$N_e(s)$ 为机组功率的拉氏变换；$P_t(s)$ 为主蒸汽压力的拉氏变换；$G_{nt}(s)$ 为调节阀开度对机组功率的传递函数；$G_{nb}(s)$ 为燃烧率对机组功率的传递函数；$G_{pt}(s)$ 为调节阀开度对主蒸汽压力的传递函数；$G_{pb}(s)$ 为燃烧率对主蒸汽压力的传递函数。

（2）负荷变化过程中，锅炉具有迟延和较大的惯性，而汽轮发电机的惯性较小。即从燃烧率改变到汽压（蒸汽量）变化有较大的滞后和时间常数，而汽压（蒸汽量）变化到机组功率的变化速度较快。

从电网运行的经济性方面考虑，发电机组分为带基本负荷机组和承担调频、调负荷机组两类。随着国民经济的发展和人民生活水平的提高，电能消费结构发生变化，电能消费的峰谷幅度也逐步加大，这对电网提出了更高的要求。同时我国电力生产中火电占有相当大的比例，大容量的火电机组是电力生产的主流，这就要求大型的火电机组必须具有很强的带变动负荷的能力，参与电网的负荷控制。即使是承担基本负荷的单元机组，也要求具有参加电网一次调频的能力，从而使电网在二次调频之前减少电网频率变化的幅度。

为了提高电网的自动化水平，保证高质量的电力供应，要求电网自动化调度系统（Automatic Dispatch System，ADS）发出的负荷分配指令和电网频差信号直接参与发电机组的控制，因此也要求单元机组的负荷控制具有更高的自动化水平。

4.1.2　单元机组控制对象动态特性

1. 燃烧率扰动下的动态特性

在保持汽轮机调节阀开度不变和保持汽轮机进汽量不变的情况下，当燃烧率扰动时，机组功率和主汽压控制对象的动态特性具有两种完全不同的特性。当汽轮机调节阀开度保持不变，燃烧率增加（减少）时，锅炉蒸发受热面的吸热量增加（减少），主汽压经一定延迟后逐渐升高（降低）。最终当蒸汽流量与燃烧率达到新的平衡，主汽压稳定在一个较高

（较低）的数值上，机组功率也稳定在一个较高（较低）的数值上，呈有自平衡能力特性。在图4-1-1和式（4.1.1）中。燃烧率对主蒸汽压力的传递函数 $G_{pb}(s)$，燃烧率对机组功率的传递函数 $G_{nb}(s)$ 具有下面的形式

$$G_{pb}(s) = \frac{P_t(s)}{U_b(s)} = \frac{K_1}{1+T_1 s} e^{-\tau_1 s} \qquad （4.1.2）$$

$$G_{nb}(s) = \frac{N_e(s)}{U_b(s)} = \frac{K_2}{1+T_2 s} e^{-\tau_2 s} \qquad （4.1.3）$$

当汽轮机进汽量保持不变时，燃烧率增加（减少）后，经一定延迟后汽压逐渐升高（降低）。因为燃烧率增加（减少），会产生更多（较少）的蒸汽量，但汽轮机进汽量不变（不断改变汽轮机调节阀开度实现），汽轮机消耗的能量小于（大于）燃烧提供的热量，能量供大（小）于求，所以主蒸汽压力经一定的迟延后将等速度上升（下降），呈无自平衡能力特性。

2. 汽轮机调节阀扰动下的动态特性

当锅炉燃烧率不变，汽轮机调节阀阶跃开大（关小）时，进入汽轮机的蒸汽流量立刻增加（减少）一定的幅值，同时主汽压也随之下降（升高）一定的幅值。主汽压下降（升高）幅值与调节阀或流量的增加（减少）量成正比（也与锅炉的蓄热能力有关）。由于燃烧率不变，锅炉的蒸发量也不变。对于中间再热机组，机组功率对蒸汽流量扰动的响应比无中间再热机组的响应要缓慢一些。中间再热机组蒸汽流量对功率的传递函数可写成

$$G(s) = \frac{N_e(s)}{D(s)} = K \frac{1+\alpha T_r s}{1+T_r} \frac{1}{1+T_a s} \qquad （4.1.4）$$

式中，α 为汽轮机高压缸功率在总功率中的比例，一般为1/3~1/4；T_r 为中间再热器的时间常数，大约20s左右；T_a 为汽轮机时间常数，大约10s左右。

汽轮机调节阀对主蒸汽压力的传递函数 $G_{pt}(s)$ 的形式可写成

$$G_{pt}(s) = \frac{P_t(s)}{U_t(s)} = -K_1 - \frac{K_2}{1+Ts} \qquad （4.1.5）$$

4.2 协调系统的负荷控制

根据单元机组负荷控制的任务，可以设计负荷控制系统，使单元机组的锅炉、汽轮机两个主要设备的一个主要承担及时响应负荷要求的任务，另一个主要承担稳定主汽压力的任务；也可以使锅炉和汽轮机共同承担满足负荷需求和稳定主汽压的任务。这就形成三种基本的单元机组负荷控制方式。

4.2.1 锅炉跟随的负荷控制

如图4-2-1（a）所示为锅炉跟随（Boiler Follow，BF）控制方式的原理图，图4-2-1（b）为其方框图。当机组负荷要求 N_0 改变时。汽轮机主控制

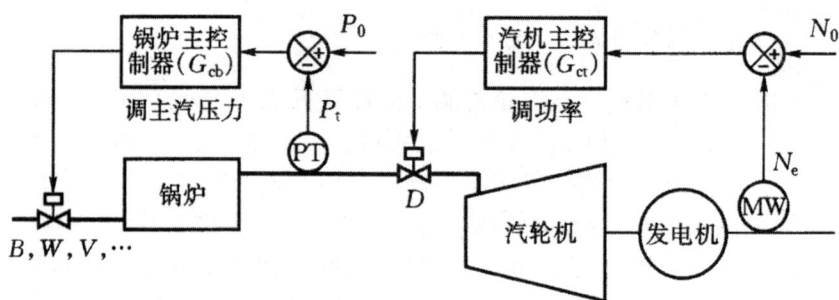

（a）原理图

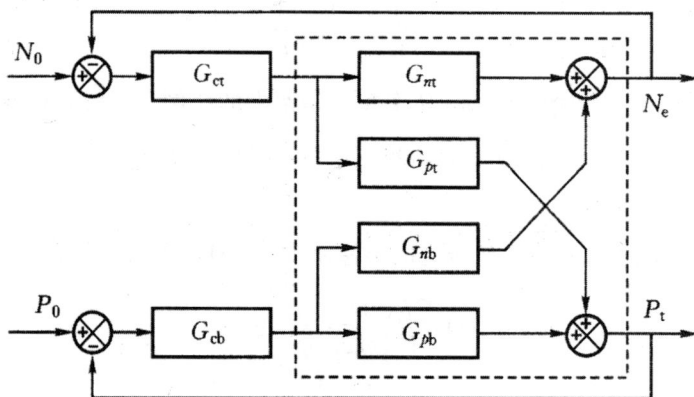

（b）方框图

图4-2-1 锅炉跟随控制方式原理图

器G_{ct}使汽轮机调节阀动作，以改变汽轮机的进汽量，使发电机的功率N_e及时与负荷要求相适应。当汽轮机调节阀开度变化时，引起主蒸汽压力P_t改变，这时锅炉主控制器G_{cb}改变进入锅炉的燃烧率、给水量，使主蒸汽压力P_t恢复到给定值。

该负荷控制方式中，机、炉有明确的任务分工：汽轮机调整机组负荷，锅炉调整主汽压力。这种汽轮机调整负荷、锅炉调整主汽压力的负荷控制方式称为锅炉跟随负荷控制方式。在锅炉跟随控制方式下，汽轮机承担负荷控制的任务，通过改变汽轮机调节阀的开度来改变机组功率。由于汽轮机惯性较小，因而负荷响应速度快。

4.2.2　汽轮机跟随的负荷控制方式

汽轮机跟随（Turbine Follow，TF）的控制方式如图4-2-2所示。当外

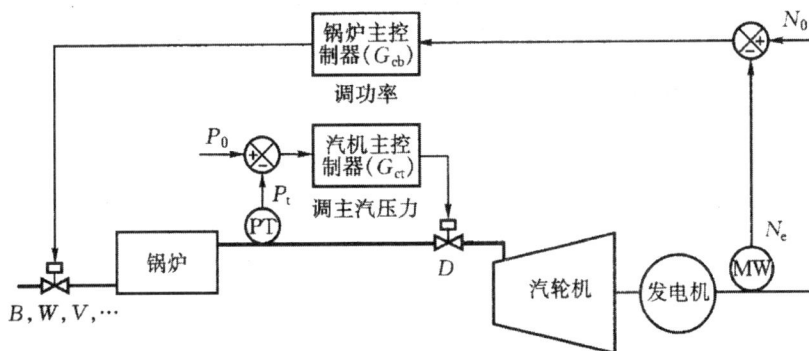

（a）原理图

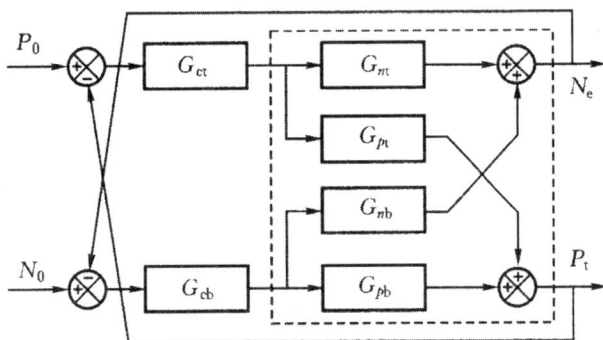

（b）方框图

图4-2-2　汽轮机跟随控制方式原理图

界负荷变化时，给定功率信号N_0变化，锅炉主控制器改变锅炉的燃烧率、给水量，随着燃烧率和给水量的变化，主汽压P_t变化，当主汽压发生变化时，汽轮机主控制器调整汽轮机调节阀，使汽轮机进汽量发生变化，从而改变机组功率N_e，使机组功率N_e与给定功率N_0逐步一致。这种锅炉调整负荷、汽轮机调整主汽压力的负荷控制方式称为汽轮机跟随负荷控制方式。

4.2.3　协调控制方式

上述两种控制方式中，由于机、炉分别承担负荷控制和压力控制的任务，因而没有很好地协调负荷响应的快速性和机组运行的稳定性之间的矛盾。协调控制系统为解决这一矛盾提供了方案，即将锅炉、汽轮机视为一个整体，把上述两种负荷控制方式结合起来，取长补短，使机组功率能迅速响应给定功率变化的同时，又能保持锅炉产生的蒸汽与流入汽轮机的蒸汽及时平衡，维持主汽压力基本稳定，如图4-2-3所示。

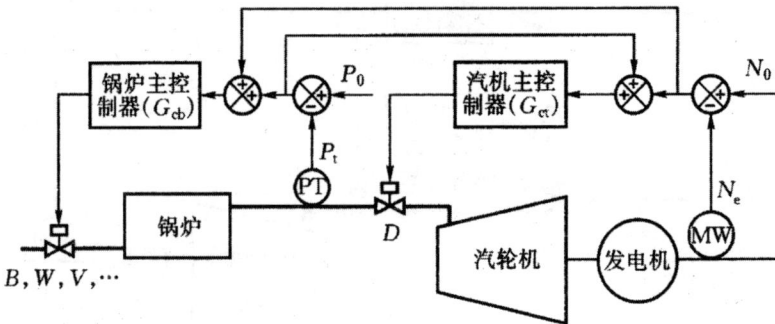

（a）原理图

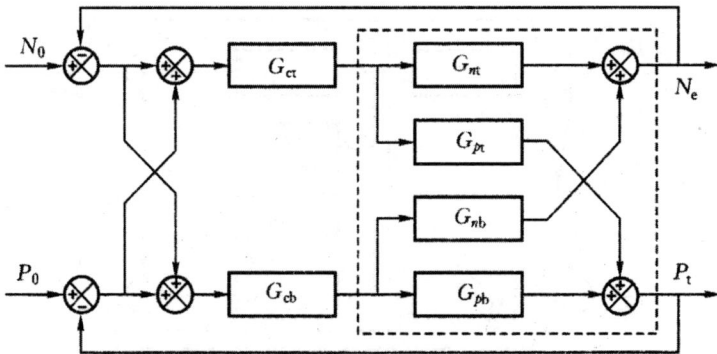

（b）方框图

图4-2-3　协调控制方式原理图

功率偏差（N_0-N_e）和汽压偏差（P_0-P_t）信号同时送入汽轮机主控制器和锅炉主控制器，在稳定工况下，功率N_e等于功率给定值N_0，机前压力P_t等于压力给定值P_0。当要求增加负荷时，将出现一个正的功率偏差信号（N_0-N_e），此信号通过汽轮机主控制器开大调节阀，增加功率。即锅炉和汽轮机都参与负荷和主蒸汽压力的调整。

汽轮机负荷响应快、锅炉负荷响应慢的特性，对机组内、外两个能量供求平衡关系影响很大。同时锅炉、汽轮机同处一个热力系统，它们的特性相互关联。锅炉跟随和汽轮机跟随控制方式没有充分考虑这些因素。

4.3　协调控制系统的组成

如图4-3-1所示为单元机组自动控制系统的组成原理图，控制系统主要由三大部分组成。

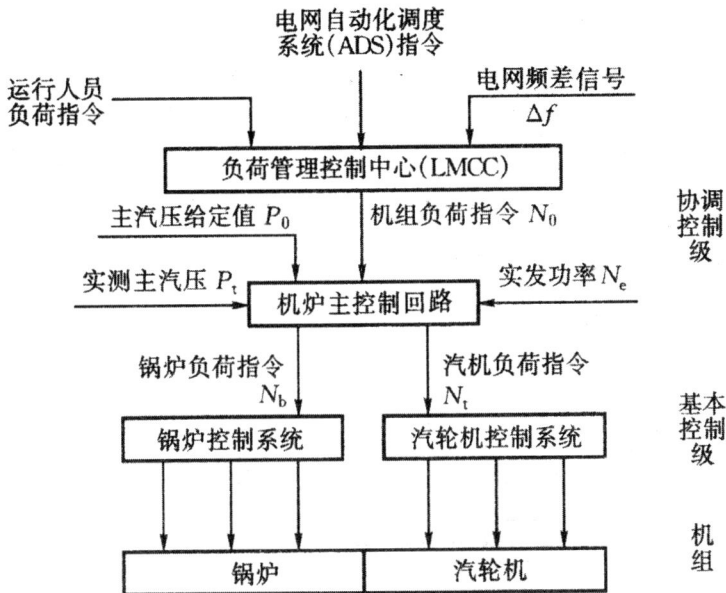

图4-3-1　单元机组协调控制系统原理图

第一部分是负荷管理控制中心（Load Management Control Center, LMCC），也称为协调控制系统的主控制回路，是单元机组协调控制的前置系统，也是指挥中心。

第二部分是机炉主控制回路，也称为协调控制回路。它的作用是根据机组负荷指令信号N_0以及实测电功率N_e、主汽压给定值P_0和实测主汽压P_t，选择适当的负荷控制方式，分别产生锅炉负荷指令N_b和汽轮机负荷指令N_t。

第三部分是与锅炉、汽轮机相关的子控制系统。这些系统主要包括锅炉启停控制、汽轮机启停控制、锅炉燃烧控制、给水控制、主汽温和再热汽温控制、汽轮机功频控制、辅助设备控制等子系统。

4.3.1 负荷管理控制中心

负荷管理控制中心的主要功能是对负荷指令进行处理和对机组运行方式进行管理和切换。如图4-3-2为负荷管理控制中心的工作原理图。

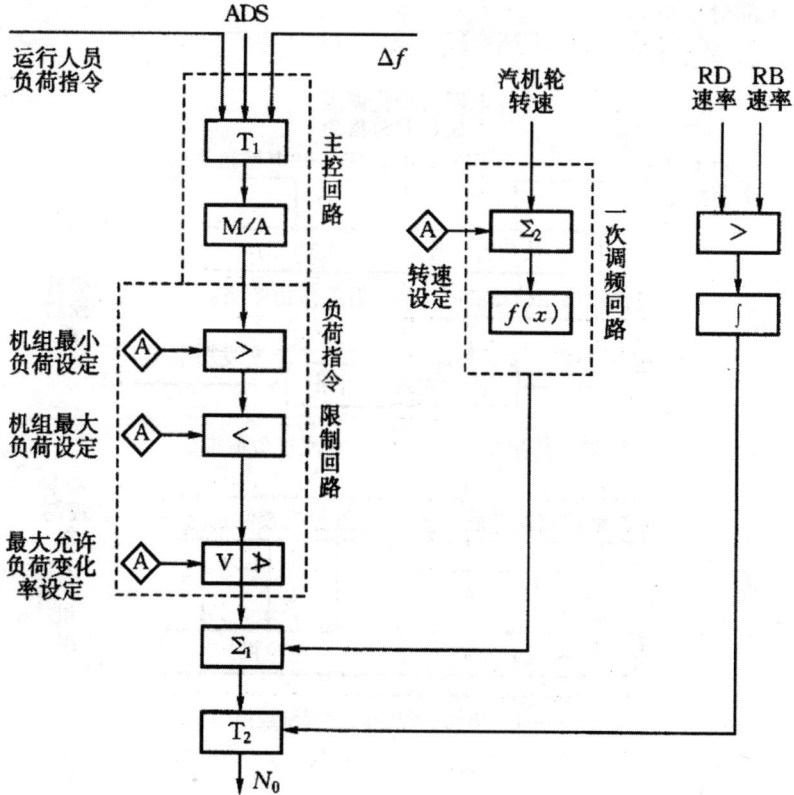

图4-3-2 负荷管理控制中心工作原理图

图4-3-2所示的负荷管理控制中心由主控回路、负荷指令限制回路、负荷指令校正组成。主控回路包括选择器 T_1 和手动/自动控制站，主要功能是对各种负荷指令进行选择。负荷指令限制回路根据机组的状况限制初步形成的负荷指令信号，确保机组在允许的负荷范围内工作。系统以汽轮机实测转速与汽轮机设定转速（3000r/min）的差值代表电网频差信号并通过 $f(x)$ 与负荷指令叠加，用于校正负荷指令。当机组主要辅机故障，发出RB指令，或者当主要过程参数与设定值的偏差超范围，发出RD指令时，控制系统根据设定的减负荷速率改变负荷指令 N_0。

1. 负荷指令的处理

单元机组的负荷管理控制中心，主要完成以下几个方面的负荷指令处理。

（1）外部负荷指令的选择。外部负荷指令是指电网自动化调度系统对机组分配的负荷指令（ADS），电网频率偏差对机组要求的负荷修正指令 Δf，运行人员对机组设定的负荷指令。负荷管理控制中心将根据机组实际状态，选择其中的一种或两种负荷指令，作为机组的目标负荷指令。

（2）机组允许负荷的设定。根据机组运行情况、辅助设备的投入情况等，设定机组的最大/最小负荷限制，使机组在允许的范围内工作。例如，磨煤机、给水泵、送风机、引风机等主要辅机出现故障时，对机组出力进行限制。

（3）限制负荷变化的速率。当负荷变化太快时，可能会影响机组设备的安全或引起机组故障，所以在不同运行情况下还必须对负荷变化的速率加以限制。

（4）机组内部指令的处理。当机组设备或控制系统出现异常或故障时，虽然机组有外部负荷需求，为了保证机组的安全运行，必须对机组的负荷采取相应的措施，即对负荷指令加以修正。机组内部自身产生的指令称为内部指令。机组重要的内部指令有以下几种。

①辅机故障负荷返回（RB）指令。当机组发生主要辅机故障跳闸，使机组的最大出力低于要求负荷时，控制系统将机组负荷快速降低到实际所能达到的相应负荷，并能控制机组的主要参数在允许范围内继续运行。

②机组负荷闭锁增（BI）/闭锁减（BD）指令。当机组运行在协调方式，升降负荷时，如果出现主汽压、功率、给水流量、总风量及炉膛压力等主要过程参数和其设定值的偏差大于或小于一定值时，或给水泵、送风机、引风机的控制指令已达极限或手动时，令机组负荷指令闭锁增或闭

锁减。

③机组负荷迫降（RD）指令。当机组在协调控制方式下升负荷时，如果出现某种主要过程参数和其设定值的偏差大于或小于一定值，且相应的控制执行机构均已无调整余地，则强制机组负荷指令向相反方向动作，尽量消除上述偏差。

④机组负荷迫升（RU）指令。当机组在协调控制方式下降负荷时，如果出现某种主要过程参数和其设定值的偏差大于或小于一定值，且相应的控制执行机构均已无调整余地，则强制机组负荷指令向相反方向动作，尽量消除上述偏差。

2. 机组的运行方式管理

在上一节中我们已经讨论了协调控制方式、汽轮机跟随的负荷控制方式和锅炉跟随的负荷控制方式是机组的高级运行方式，这种方式要求机组主、辅机必须正常。当机组不能满足协调运行条件时，必须采用其他运行方式。负荷管理控制中心必须能对机组的多种运行方式进行管理和控制。负荷管理控制中心除了能使机组运行在协调方式，也可以根据机组主要设备的完好程度使机组运行在以下几种方式，并对机组的运行方式进行选择和切换。

（1）汽轮机跟随机组功率不加调整的方式。当汽轮机运行正常而锅炉部分设备工作异常时，机组的功率就会受到限制，这时采用汽轮机跟随而机组功率不加调整的方式。在这种方式中，机组维持功率而不接受任何外部的负荷要求指令。控制目的主要是维持锅炉的继续运行，以便排除锅炉设备的故障。

（2）锅炉跟随机组功率不加调整的方式。当锅炉运行正常而汽轮机辅机异常，机组功率受到限制时采用这种方式运行。这时控制的主要目的是维持汽轮机的运行，机组的功率维持不变，不接受任何外部负荷指令信号，等待消除故障。

（3）基本控制方式。基本控制方式时，系统处于"手动"状态，运行人员对锅炉和汽轮机进行手动操作。这种情况下，负荷指令跟踪机组的实发功率，为自动投入做好准备。

4.3.2 机炉主控制回路

机炉主控制回路的主要功能是协调锅炉和汽轮机的运行，对机组负荷和主汽压进行综合控制。由于锅炉、汽轮机在动态特性方面存在较大差异，因此机组在负荷的适应性和运行的稳定性方面存在矛盾。协调控制的指导思想就是合理利用蓄热对输入能量进行动态补偿，大型机组普遍加入了前馈控制信号，以求加快机组负荷的动态响应，尽量减小机炉间的能量失衡。

以锅炉跟随为基础或以汽轮机跟随为基础，引入前馈信号，可以形成两种基本的协调控制方式。

如图4-3-3所示为以锅炉跟随为基础的机炉主控圈路原理图，汽轮机控制机组功率，锅炉控制主汽压。把主汽压偏差信号作为前馈信号引入汽轮机主控制器，使汽轮机在控制汽压的同时参与功率的控制，合理利用蓄能，加快负荷响应。图中N_e为机组功率，P_t为主蒸汽压力，N_0为功率指令，P_0为主汽压设定，N_t为汽轮机主控信号，也称汽轮机负荷指令，N_b为锅炉主控信号，也称锅炉负荷指令。

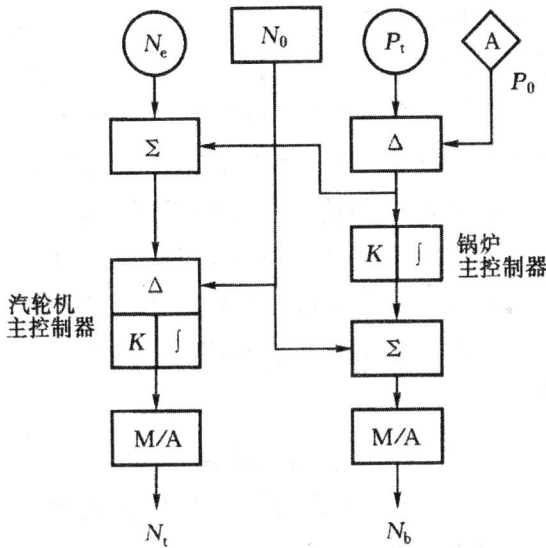

图4-3-3　锅炉跟随为基础的机炉主控回路原理图

如图4-3-4所示为以汽轮机跟随为基础的机炉主控制回路原理图，锅炉控制机组功率，汽轮机控制主汽压。将功率偏差信号引入汽轮机主控制器，将主汽压力的变化率信号引入锅炉主控制器。功率偏差、主汽压力变化率信号的引入，使锅炉在控制功率的同时兼顾主汽压的控制，汽轮机在控制汽压的同时考虑到机组功率的变化，充分利用蓄热，使机组负荷、主汽压的响应速度、稳定性和机组的安全性都得以考虑。

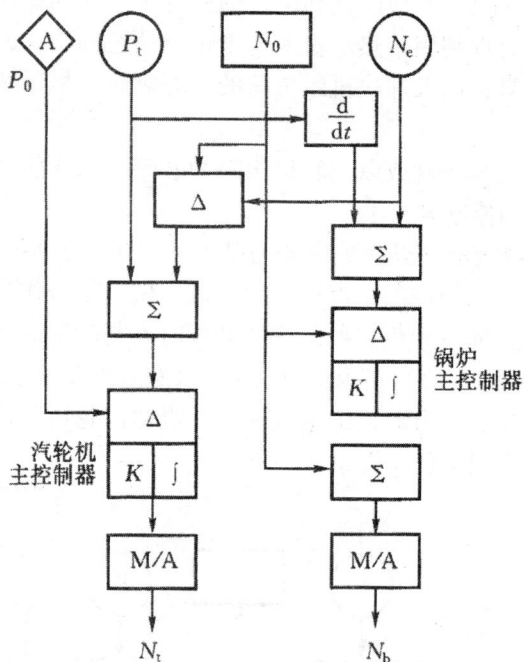

图4-3-4　汽轮机跟随为基础的机炉主控回路原理图

4.4　协调控制的能量平衡原理

为了改善机组响应负荷的性能，在反馈回路的基础上，增设了前馈回路，使锅炉和汽轮机之间的能量平衡关系刚刚被打破或者将要被打破的时刻，根据锅炉和汽轮机的各自特性采用前馈信号给予及时调整，把能量的不平衡限制在较小的范围之内。下面讨论两种从能量平衡关系划分，应用比较普遍的协调控制方案。

4.4.1　能量间接平衡协调控制系统

若以负荷管理控制中心的负荷指令来平衡机炉间的关系，可以构成图4-4-1所示的方案。锅炉主控器对指令信号进行比例微分运算，以加速负荷响应，同时主汽压偏差也引入锅炉主控器，对锅炉主控信号进行主汽压修正。

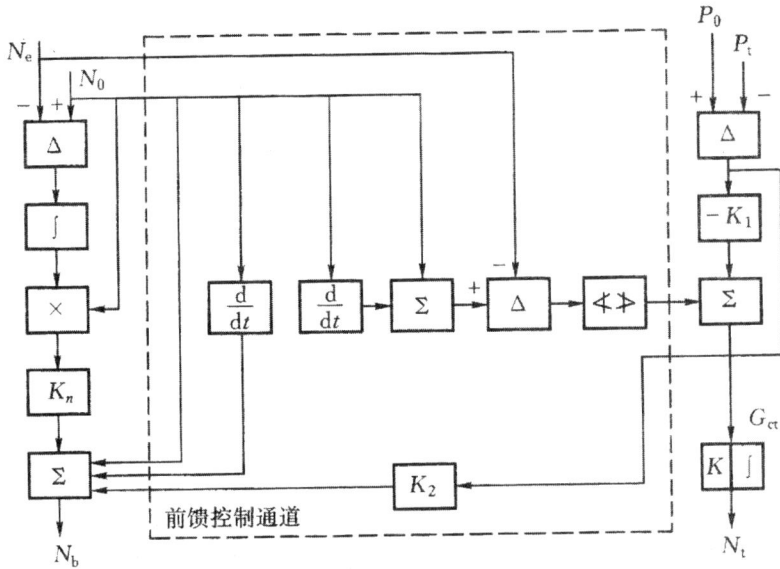

图4-4-1 能量间接平衡的协调控制原理图

这种协调控制系统的反馈控制原理属于以汽轮机跟随为基础的协调控制系统，因此汽轮机控制器 G_{ct} 的首要任务是维持机前压力 P_t 等于给定值 P_0。在负荷变化过程中，用功率偏差信号修正机前压力的给定值，以充分利用锅炉的蓄热。

由图4-4-1可以看出，当信号（ $N_0 + sN_0 - N_e$ ）的变化幅度不超过双向限幅器的限值时，汽轮机控制器的输入信号为

$$e_t = -K_1(P_0 - P_t) + (N_0 + sN_0 - N_e) \qquad (4.4.1)$$

在稳态时，$e_t = 0$；且机组功率 N_e 等于功率指令 N_0；功率指令 N_0 不变化，即其微分信号 sN_0 等于零。所以

$$P_0 = P_t \qquad (4.4.2)$$

可见，汽轮机主控回路实际上是一个汽压控制系统。稳态时保证机前压力等于给定值。

从式（4.4.1）可见，如果负荷指令增加（或减少）时，动态过程中由于（ $N_0 + sN_0 - N_e$ ）大于零（或小于零），也就是在动态过程中相当于机前压力给定值减少（或增大） $\dfrac{1}{K_1}(N_0 + sN_0 - N_e)$，或者说动态过程中，允许机前压力低于（或者高于）给定值。及时将调节阀开大（或关小），增加

（或减少）机组功率，快速适应负荷要求。改变比例系数 K_1 可调整功率偏差信号对机前压力给定值修正作用的大小。图中的双向限幅器用于限制功率偏差信号的最大值。也即限制机前压力给定值的变化范围，以使机前压力的变化不超过允许范围。

由图4-4-1可知，送入锅炉控制系统的锅炉负荷指令信号为

$$N_e = N_0 + sN_0 + K_2(P_0 - P_t) + K_n N_0 \frac{1}{s}(N_0 - N_e) \qquad （4.4.3）$$

在式（4.4.3）中，sN_0 作为前馈信号在动态过程起加强锅炉负荷指令信号的作用，以补偿机炉之间对负荷响应速度的差异。（$P_0 - P_t$）在动态过程中修正锅炉负荷指令信号，修正信号的强弱通过 K_2 调整。机前压力的偏差实质上反映了使机前压力恢复到给定值时锅炉的蓄热变化量所需要的燃料量。当功率偏差存在时，积分环节的输出不断变化，锅炉负荷指令信号也不断变化，使提供给锅炉的热量变化，进而使机前压力发生变化，汽轮机控制系统调整调节阀开度，直到功率偏差和机前压力偏差消失为止。这时，锅炉负荷指令信号稳定下来。

稳态时，锅炉负荷指令信号 N_b 有两部分：负荷指令 N_0 和功率偏差的积分项。由于负荷指令信号的存在，锅炉负荷指令基本上与负荷要求相适用，而功率偏差积分的校正作用用以补偿变负荷过程中锅炉蓄热量的变化。锅炉蓄热量的变化不仅仅是功率偏差的函数，也是机组功率的函数，即机组功率改变相同的数值，高负荷时锅炉蓄热量的变化要大于低负荷时的蓄热量。因此对锅炉的锅炉负荷指令，功率偏差积分项乘以功率 N_0，使积分速度随负荷而变化。

4.4.2　能量直接平衡协调控制系统

能量直接平衡协调控制系统采用能量平衡信号作为锅炉主控回路的前馈信号。根据汽轮机原理，汽轮机速度级压力 P_1 代表了进入汽轮机的蒸汽流量，蒸汽流量与其携带的热量有准确的关系，所以 P_1 也就代表了进入汽轮机的能量。

速度级压力 P_1 与机前压力 P_t 之比 P_1/P_t 正比于汽轮机调节阀开度。对于定压运行机组，P_1/P_t 就代表了汽轮机的能量需求。当锅炉的内扰使燃烧率变化或汽轮机内扰使调节阀开度变化时，机前压力 P_t 和速度级压力 P_1 同时变化，但 P_1/P_t 近似不变。

如图4-4-2所示为采用P_1/P_t作能量直接平衡信号的协调控制方式的原理图。由于P_1/P_t反映了汽轮机对锅炉的能量要求，所以是锅炉汽轮机间的一个能量直接平衡信号，这种控制方式称为能量直接平衡的协调控制方式。P_1对锅炉的燃烧率扰动，对汽轮机调节阀的扰动，其响应都比较快，因而能量信号直接平衡的协调控制系统，无论在快速响应负荷要求还是克服扰动方面，都比能量间接平衡协调控制方案有较大的优势，是一种应用比较广泛的协调控制方案。从图4-4-2可以得到锅炉负荷指令为

$$N_b = K_1 \frac{1}{s}(P_0 - P_t) + (1 + \frac{P_1}{P_t}s)\frac{P_1}{P_t} \qquad (4.4.4)$$

式中，P_1为汽轮机速度级压力；P_t为主蒸汽压力；P_1/P_t与汽轮机调节阀的开度成正比，代表汽轮机的能量需求。

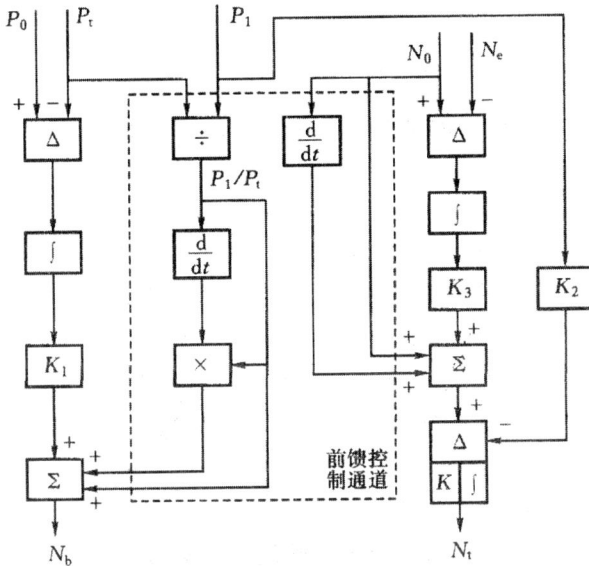

图4-4-2　能量直接平衡协调控制系统原理图

从图4-4-2或式（4.4.4）可以看出，锅炉负荷指令N_b形成的前馈信号是能量平衡信号P_1/P_t，其P_1/P_t的微分项在动态过程中加强锅炉负荷指令，补偿机炉之间对负荷响应的差异。由于要求动态补偿的能量不仅与负荷变化量成正比，而且还与负荷水平成正比，所以微分项要乘以P_1/P_t。机前压力偏差积分项保证了稳态时能消除机前压力偏差。

需要强调：能量平衡信号P_1/P_t。与负荷指令信号N_0的性质不同。能量平衡信号反映了汽轮机对锅炉的能量要求，而负荷指令信号反映的是电网

对机组的负荷要求，因此采用能量平衡信号，就为在动态过程协调锅炉和汽轮机两大设备的工作提供了一个比较直接的能量平衡信号。

能量直接平衡协调控制系统的汽轮机主控制器输入信号为

$$e_t = K_3 \frac{1}{s}(N_0 - N_e) + (1+s)N_0 - K_2 P_1 \qquad (4.4.5)$$

式（4.4.5）中，负荷指令N_0是前馈信号。当N_0发生变化时，微分作用使e_t立即变化，调节阀及时调整。汽轮机调节阀开度的变化会引起汽轮机速度级压力P_1的变化，P_1信号的负反馈作用可以防止调节阀的变化幅度过大，是一种局部反馈。前馈和局部反馈作用共同保证调节阀既快又平稳的动作。

4.5　600MW单元机组协调控制系统的应用

图4-5-1所示为某600MW单元机组的协调控制系统（Coordinated Control System，CCS）图。协调控制系统由主控制回路、锅炉主控回路和汽轮机主控回路组成。该机炉协调控制有四种独立运行方式。

（1）协调控制（CC）方式。锅炉主控自动，汽轮机主控自动。

（2）锅炉跟随（BF）方式。锅炉主控自动，汽轮机主控手动。

（3）汽轮机跟随（TF）方式。锅炉主控手动，汽轮机主控自动。

（4）基本（BASE）方式。锅炉主控手动，汽轮机主控手动。

4.5.1　主蒸汽压力设定

机组定压运行时，可在主汽压力设定控制站上手动设定主汽压力设定值。滑压控制时，主汽压力设定值由机组负荷指令经函数发生器后给出，这时需运行人员选择滑压运行方式。

主汽压力设定控制站的输出经压力变化速率限制器后作为最终的主汽压力设定值。主汽压力设定值的变化速率由运行人员在操作员站上手动设定。

4.5.2　机组主控回路

机组主控回路根据运行人员设定的机组负荷设定值或电网自动化调度系统发出的负荷分配指令，向锅炉主控和汽轮机主控回路发出机组负荷

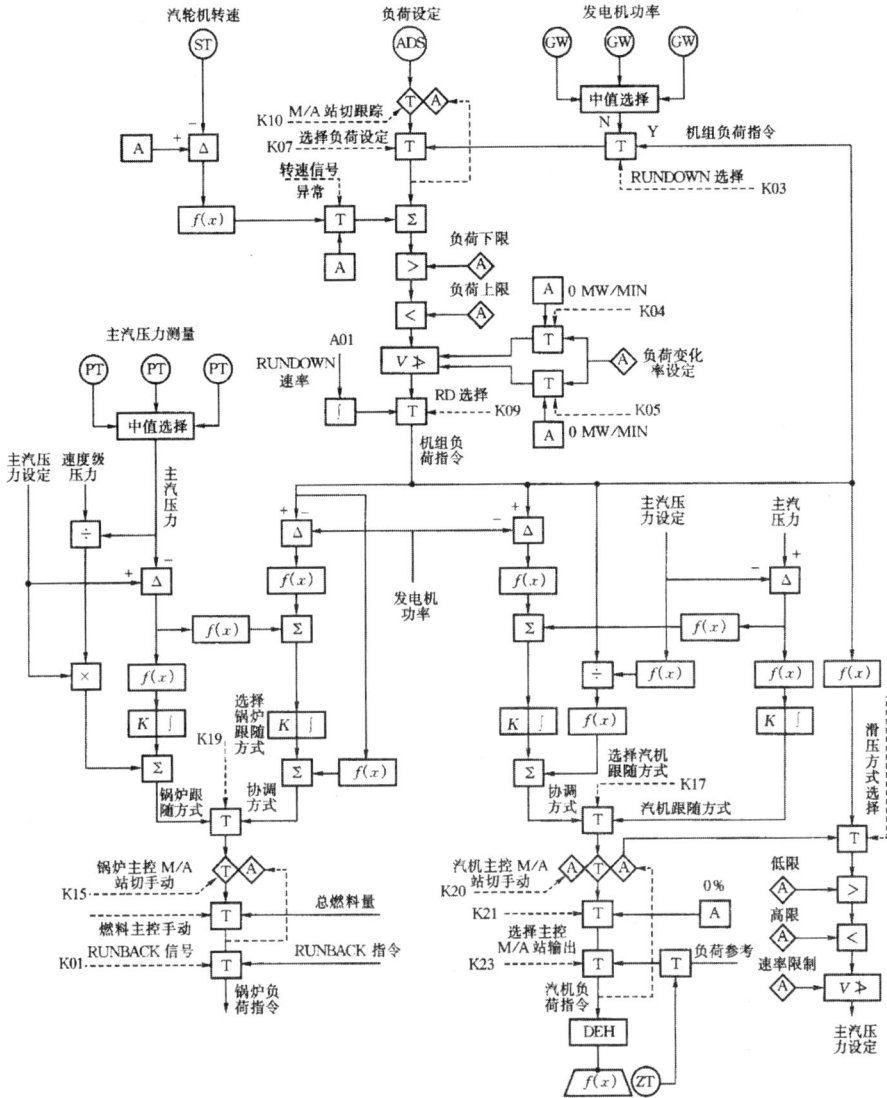

图4-5-1　600 MW机组协调控制系统

指令。

当机组运行在协调控制方式时，运行人员可在负荷设定操作器上手动设定机组的负荷指令；也可将负荷设定操作器投入自动，接收ADS来的机组目标负荷指令。当机组在非协调控制方式下运行时，负荷设定操作器跟踪机组实发功率。

当机组运行在协调控制方式时，如遇RUNDOWN工况，自动降低机组负荷指令。当重要过程参数的偏差消除以后，机组负荷指令保持当前值。负荷指令经以上处理后，形成最终的机组负荷指令，送到锅炉主控和汽轮机主控回路。

4.5.3 锅炉主控回路

锅炉主控操作器可进行两种运行方式的切换：锅炉跟随方式和协调方式。而当机组运行在汽轮机跟随或基本方式时，锅炉主控指令不接受自动控制信号，由运行人员在锅炉主控操作器上手动设定。

机组运行在协调方式时，锅炉主控指令的形成由主汽压偏差和功率偏差经PID控制器输出加上前馈信号给出，前馈信号也采用能量直接平衡信号。

当发生RUNBACK工况，锅炉主控回路根据发生RUNBACK的不同辅机跳闸条件，以不同的速率使锅炉负荷指令逐渐下降到RUNBACK目标值。

主汽压力信号故障时，不管机组运行在何种运行方式，锅炉主控器强制切到手动方式。锅炉跟随方式运行时，如调速级压力信号故障，锅炉主控器强制切到手动方式。

4.5.4 汽轮机主控回路

汽轮机主控操作器可进行两种运行方式的切换：汽轮机跟随方式和协调方式。机组运行在锅炉跟随或基本方式时，汽轮机负荷指令不接受自动控制信号，由运行人员在汽轮机主控回路上手动设定。这时DEH独立运行，控制机组功率。机组运行在协调控制方式时，汽轮机负荷指令的形成由功率偏差和压力偏差经PID控制器给出。

当DEH系统非遥控方式时，汽轮机主控回路跟踪DEH系统送来的汽轮机负荷参考。

4.5.5　负荷返回

当主要辅机发出RUNBACK信号时，如果机组负荷指令超过机组的最大出力能力，则应快速减少进入炉膛的燃料量，保证机组负荷指令不超过机组的最大出力能力，直至机组负荷指令小于或等于机组的最大出力能力。图4-5-2是RUNBACK指令形成逻辑图。

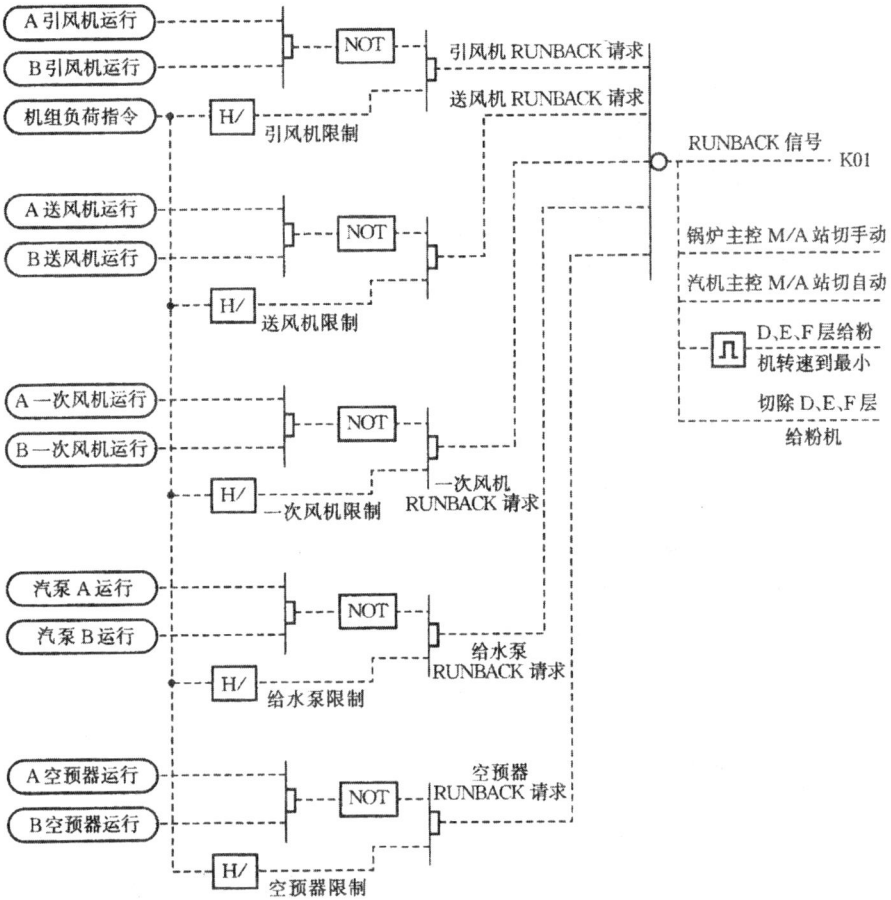

图4-5-2　RUNBACK指令形成逻辑图

在机组负荷大于一定值的情况下，如果给水泵、送风机、引风机、一次风机、空预器等主要辅机跳闸，则发出RUNBACK请求。RUNBACK信号发出后，机组控制方式将自动切为汽轮机跟随方式。

FSSS系统（Furnace Safety Supervision System，炉膛安全监空系统）根据RUNBACK要求值的降低，将部分磨煤机切除，保留与机组负荷相适应的磨煤机台数。本协调控制系统的RUNBACK逻辑包括如下两种。

（1）如果机组负荷大于330MW，当空预器、引风机、送风机、一次风机两台中的一台停止运行时，发生RUNBACK。FSSS切除磨煤机至保留3台磨煤机运行，CCS切至汽轮机跟随方式，机组减负荷至300MW。

（2）机组负荷大于360MW，当两台汽动给水泵中的一台停止运行，发生给水泵RUNBACK。FSSS动作，只保留3台磨煤机运行，其余磨煤机退出运行，CCS切至汽轮机跟随方式，机组减负荷至300MW。

4.5.6 负荷闭锁增/闭锁减

机组负荷闭锁增（BI）/闭锁减（BD）的功能通过将负荷增减方向的变化率设定为零来实现。图4-5-3是负荷闭锁增/闭锁减控制逻辑图。

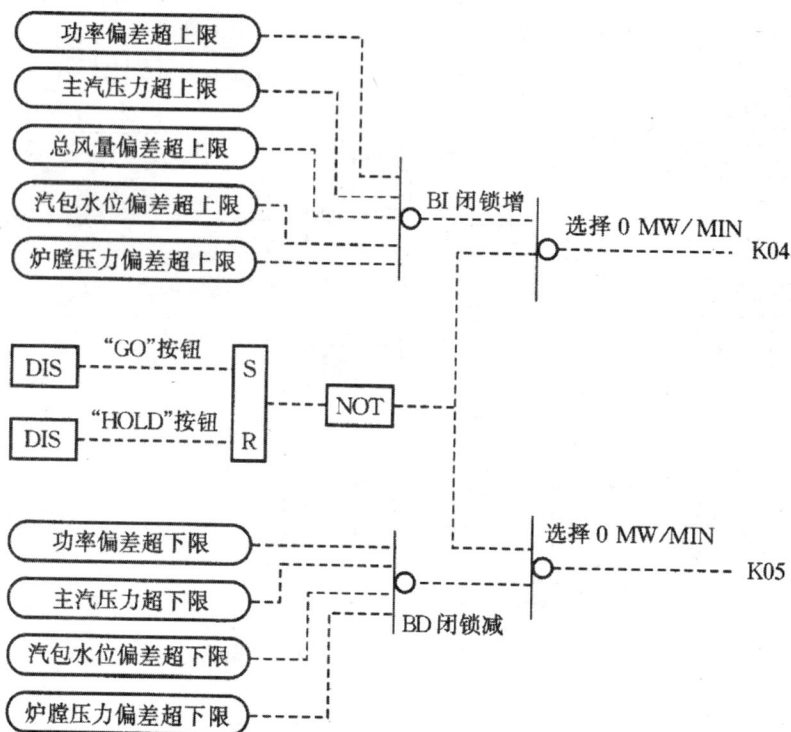

图4-5-3 闭锁增/闭锁减逻辑图

4.5.7　负荷迫降

当系统发出负荷迫降（RD）信号时，协调控制系统强制机组负荷指令向相反方向变化，并尽可能地消除上述偏差。图4-5-4（a）是负荷迫降指令形成逻辑图，图4-5-4（b）是负荷迫降速度信号形成逻辑图。

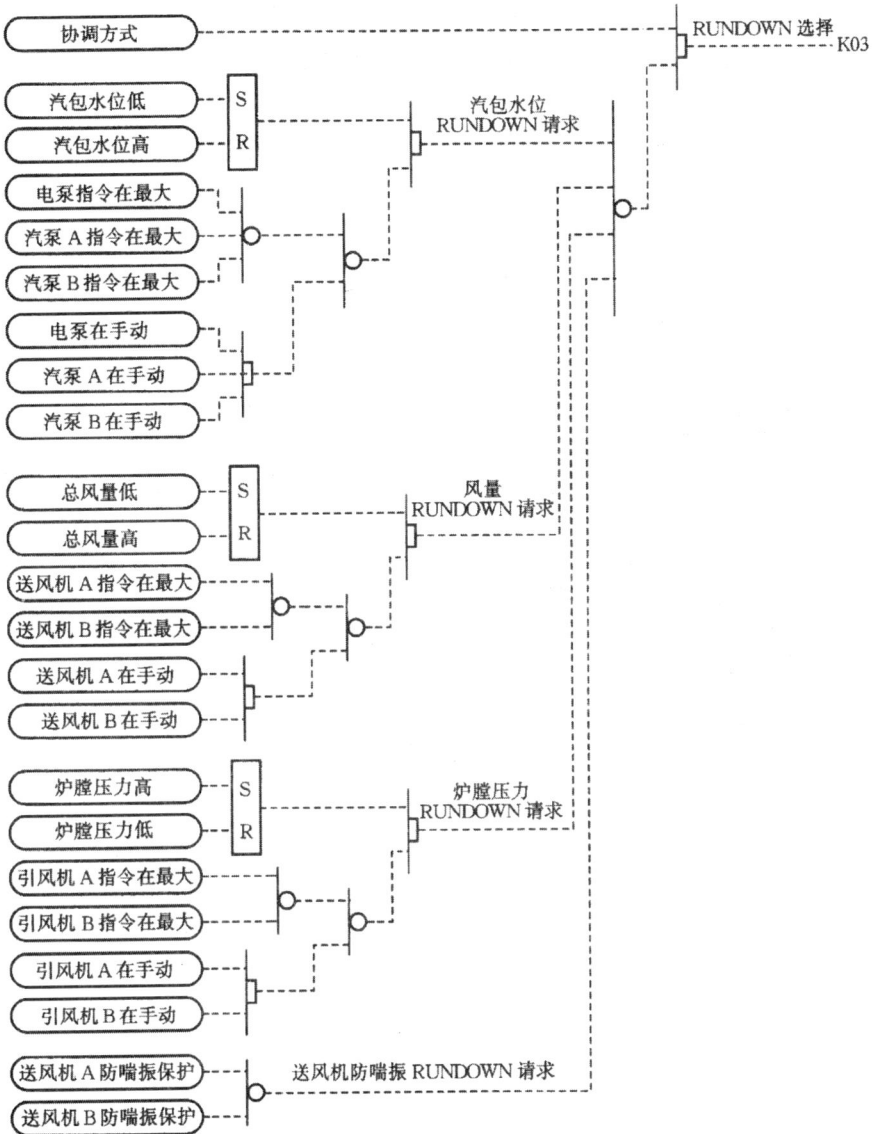

（a）负荷迫降指令形成逻辑

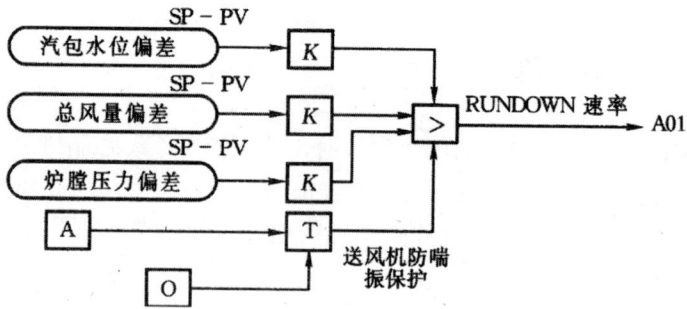

（b）负荷迫降速度信号形成

图4-5-4　RUNDOWN逻辑和指令形成

图4-5-5是锅炉主控回路保护和切换逻辑系统。图4-5-6是汽轮机主控回路保护和切换逻辑系统。图4-5-7是机组运行方式切换逻辑系统。

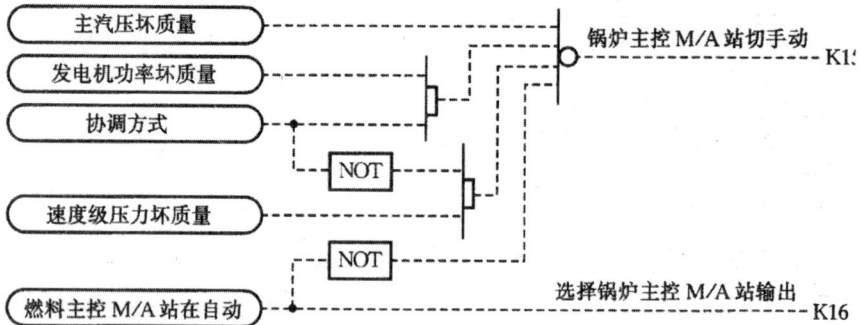

图4-5-5　锅炉主控回路保护和切换逻辑系统

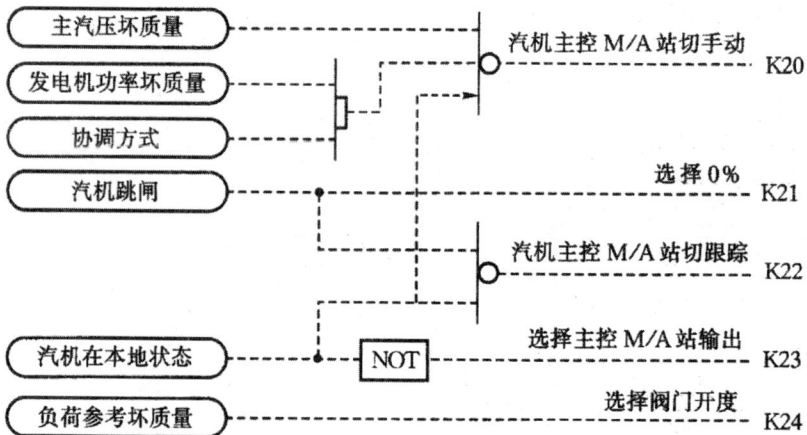

图4-5-6　汽轮机主控回路保护和切换逻辑系统

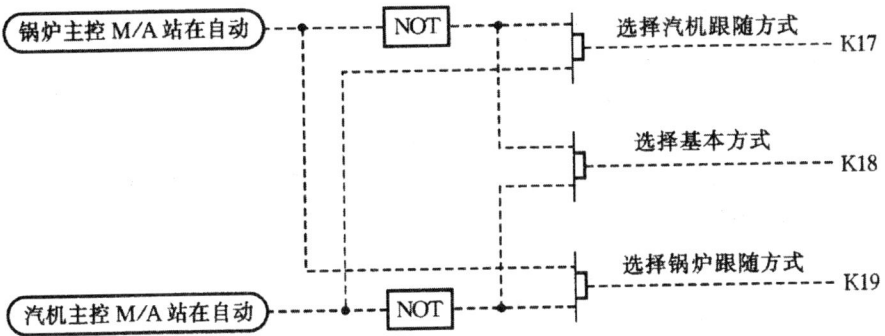

图4-5-7 机组运行方式切换逻辑系统

第5章 汽轮机自动控制系统

　　汽轮机是一种以水蒸气为工质，将热能转变为机械能的外燃高速旋转机械，当它驱动交流同步发电机时就进一步将动能转换成电能。对于不同类型的汽轮机，可依据其特性、调节要求和运行方式，配置相应的各种控制系统以实现其自动控制。

5.1 概述

5.1.1 汽轮机控制的任务

　　电能往往很难进行大量储存，而且电力用户的用电量又经常变化，因此电力生产中必须对发电设备进行自动控制。故而，汽轮机控制系统的任务之一就是要及时调节机组的功率，以随时满足用户对发电能量的需求。

　　除了要保证所发电能量的需求外，电力生产也要保证一定质的要求，这主要体现在电能的频率和电压两个参数上（我国规定频率变化在 ±1% 以内，电压变化在 ±6% 以内）。由同步发电机的运行特性知：发电机的端电压取决于无功功率，而无功功率决定于发电机的励磁；电网的频率（或周波）取决于有功功率，即决定于原动机的驱动功率。因此，电网电压的调节主要通过发电机的励磁系统来实现，频率的调节则归于汽轮机的功率控制系统，通过控制其转速而实现。可见，控制系统的另一任务则是维持机组的转速在规定的范围内，保证供电频率和机组本身的安全。也正因为汽轮机控制系统是以机组转速为主要控制参数的，故而习惯上常将汽轮机控制系统称为调速系统。

5.1.2 汽轮发电机组的自调节特性

　　对汽轮发电机组而言，汽轮机工作时，作用在转子上的力矩有三个：

蒸汽作用在转子上的主力矩 M_t、发电机的电磁反力矩 M_e、摩擦力矩 M_f。相对于 M_t 和 M_e 而言，M_f 很小，可以忽略不计。所以转子的运动方程可以写为

$$I\frac{\mathrm{d}\omega}{\mathrm{d}t} = M_t - M_e$$

式中，I 为汽轮发电机转子的转动惯量；ω 为转子的角速度，$\omega = \dfrac{2\pi n}{60}$。

由上式可知，转速的变化取决于汽轮发电机组输入、输出力矩，即功率是否平衡。当功率平衡时，转速为常数。

在汽轮机功率一定时，蒸汽产生的主力矩 M_t 与转速 n 成反比，如图 5-1-1 所示。而电磁反力矩 M_e 与转速 n 的关系主要取决于外界负载的特性。例如，当外界负载为风机或者水泵时，反力矩比例于转速的平方；若外界负载为机床、磨煤机等，反力矩与转速成正比；若外界负载为照明、电热设备等，则与转速无关。

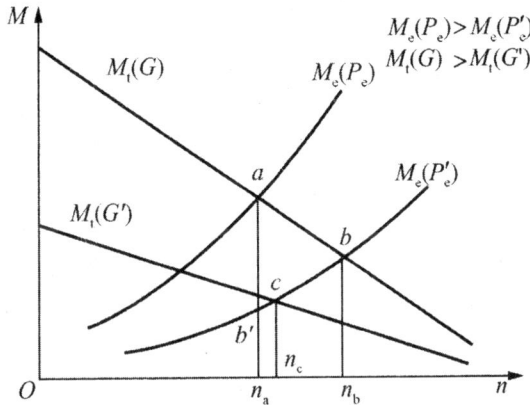

图5-1-1　汽轮发电机组的自调节特性

在图5-1-1中，$M_t(G)$ 和 $M_e(P_e)$ 分别为对应于汽轮机流量 G 和发电机负荷 P_e 的特性线，其交点 a 就是平衡状态的工作点，所对应转速为 n_a。当外界负荷减小为 P'_e 时，这一刻的反力矩将减小为 $M_e = M_b$，这时若不调整汽轮机进汽量，由于 $M_t > M_e$，则会使转速升高，而转速的升高又会使 M_t 减小，当转速升至 n_b 时，M_t 与 M_e 重新达到平衡，汽轮发电机组稳定工作于 b 点。

由图5-1-1可以看出，当外界负荷变动时，若仅依靠自调节特性，汽轮发电机组的转速变化将会很大。例如负荷变动10%时，转速的变动将达20%~30%后才能重新平衡。因此，当外界负荷改变时，必须通过汽轮机控制系统来自动调节进汽量，使主力矩随之改变。比如对于前面的情况，可在外界负荷降低后将进汽量减小至 G'，使机组稳定在c点工作，新的转速 n_c 与原转速 n_a 相比变化很小，使汽轮机转速始终保持在额定转速附近的容许范围内（ $n_c \neq n_a$ 是有差调节的结果）。

5.1.3　汽轮机自动控制系统的基本原理及组成

在实际生产中，汽轮机均装设有自动控制系统，这些系统从总体上可划分为无差控制系统和有差控制系统两种。

1. 无差控制系统

如果用一台汽轮发电机组单独为用户提供电力，就构成孤立运行机组。按照自动控制原理，汽轮机控制系统能采用无差控制系统。如果在某初始状态下汽轮机的功率和负荷相等，那么其转速就是额定值。

无差控制往往被应用在供热汽轮机的调压系统当中，它可让供热压力保持相对稳定。使用无差控制系统的汽轮发电机组实际应用中并不利于并网运行，所以，并网运行的汽轮发电机组通常都会选择有差控制系统。

2. 有差控制系统

对于发电用的汽轮发电机组，其转速控制系统通常是有差控制系统。

（1）直接控制。图5-1-2是汽轮机转速直接控制系统示意。如果汽轮机因负荷减小而造成转速变高，那么离心调速器的重锤就会向外张开，并通过杠杆调节汽阀，使得汽轮机功率减小，建立起新的动态平衡。如果负荷增加，转速降低，那么重锤就会向内移动，通过刚刚调节汽阀，从而增大汽轮机功率。因此，调速器不仅可以让转速维持在相对稳定的范围内，而且还可以完成功率自动平衡的操作。

这一系统是使用调速器重锤的位移直接带动调节汽阀的，因此它也称作直接控制系统。由于调速器能量是有限的，通常难以完全带动调节汽阀，因此，需要把调速器滑环的位移稍加放大，这样就构成了间接控制系统。

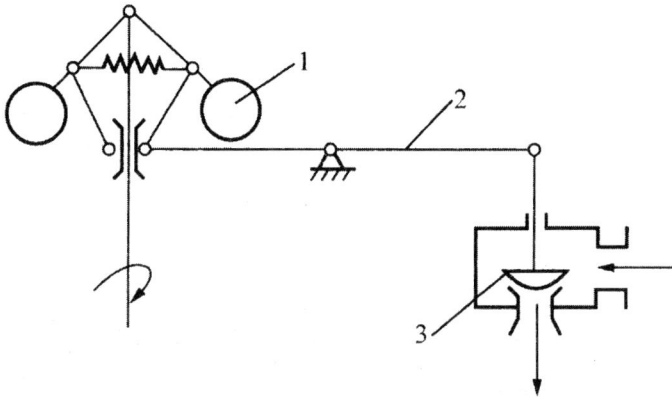

图5-1-2 直接控制系统示意

1—重锤；2—杠杆；3—调节汽阀

（2）间接控制。图5-1-3是最简单的一级放大间接控制系统的示意图。在这个系统中，与调速器联动的不是调节汽阀，而是称为"错油门滑阀"的控制装置。如果转速升高，调速器的滑环A就会向上转动，与之相连的杠杆就会带动错油门滑阀向上运动，同时，错油门滑阀套筒上的油口m与压力油管相互连通，其下方的油口n则与排油口相连。压力油经过油口m流入油动机活塞的上腔，油动机活塞在上、下油压力之差作用力的推动下，向下移动，关小调节汽阀。

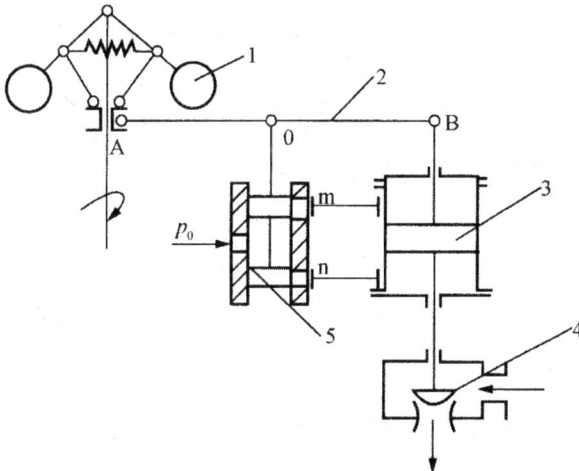

图5-1-3 间接控制系统示意

1—调速器；2—杠杆；3—油动机；4—调节汽阀；5—错油门

从以上分析可知，一个闭环的汽轮机自动控制系统由下列四个部分组成：

①转速感受器。它能探测转速的变化，并能把转速变化信息转变为其他物理量变化信息（如光电信息）。如图5-1-3所示的系统中，离心飞锤调速器就是转速感受器的一种形式，它接受转速变化信号，输出滑环位移的变化。

②传动放大机构。它是处于转速感受机构之后、配汽机构之前的，起着信号传递和放大作用的控制机构。图5-1-3系统中的滑阀、油动机以及杠杆都属于传动放大机构，它感受调速器的信号（滑环位移），并经滑阀和油动机放大，然后以油动机的位移传递给配汽机构。

③配汽机构。接受由转速感受机构通过传动放大机构传来的信号，并能依此来改变汽轮机的进汽量。图5-1-3系统中的控制汽阀以及与油动机活塞连接的杠杆就属于配汽机构。

④控制对象。对汽轮机控制来说，控制对象就是汽轮发电机组。当汽轮机进汽量改变时，汽轮发电机组发出的功率也相应发生变化。

图5-1-4为汽轮机自动控制系统的构成框图。从图中能够清楚地看出汽轮机控制系统中各组成环节之间的关系。

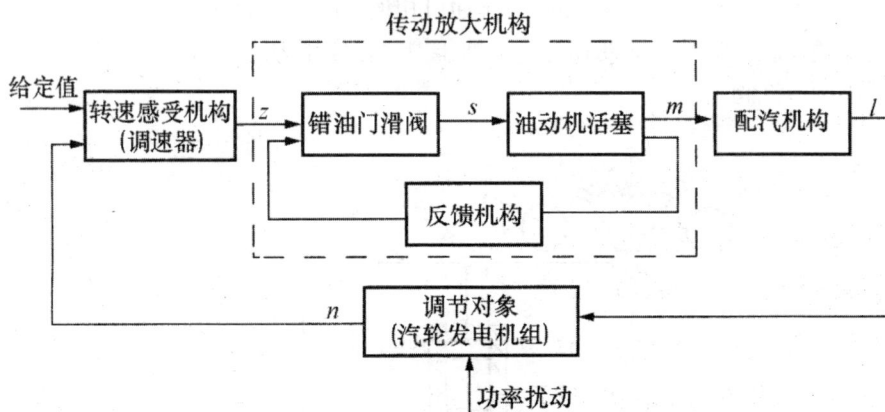

图5-1-4　汽轮机控制系统框图

5.2　中间再热式汽轮机

由于采用了中间再热，汽轮机被中间再热器分成高压部分和中、低压部分，如图5-2-1所示，从而对汽轮机的动态特性产生了显著的影响，也给其控制带来了新的问题。这里从控制方面着眼，了解分析中间再热机组的动态特性变化、产生的问题及改善措施。

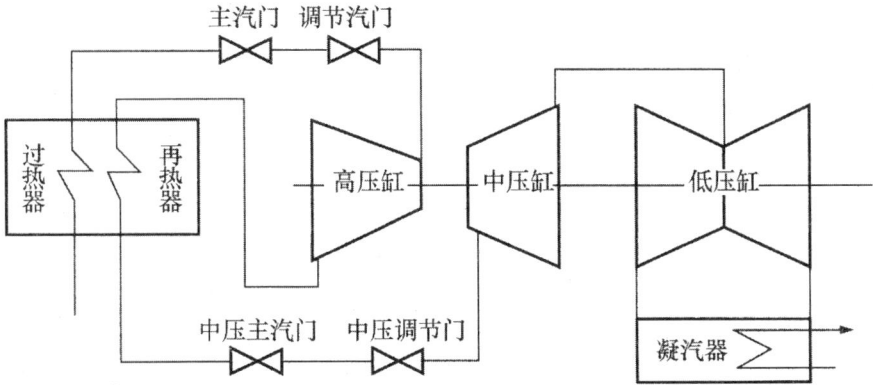

图5-2-1　再热式汽轮机原则性系统

5.2.1　中间再热式汽轮机的工作特性

1. 甩负荷后转速飞升

因为中间再热环节包括了从汽轮机间到锅炉间，又从锅炉间返回汽轮机间以及锅炉内部再热器的全部管道，其总长可达200~300m，管道内的蒸汽压力也比较高。根据计算，中间再热环节中蒸汽所包含的能量如果全部转化成为转子的动能，则将使汽轮机超速50%~60%，这显然已远远超过了汽轮机允许的转速范围，所以在设计中间再热汽轮机控制系统时必须考虑这个问题。

2. 机炉低负荷时的相互配合问题

中间再热机组是单元机组，每一台锅炉所产生的蒸汽只供给一台汽轮机使用，但是汽轮机和锅炉的特性不同，在某些工况下需要解决两者之间的配合问题。

（1）锅炉的最小蒸发量通常不能小于其额定值的15%~50%，所以在汽轮机启动、低负荷以及短时间的空负荷运行时，需要处理锅炉发出的多余蒸汽，否则将引起锅炉安全阀动作。

（2）再热器要求经常流过一定数量的蒸汽以冷却其管道，如哈尔滨汽轮机厂200MW中间再热锅炉的最低冷却流量为额定值的14％，而汽轮机的空载流量只是5％~8％，所以在启动和空载运行时要考虑中间再热器的保护问题。

3. 参加电网调频能力的问题

对于一般的凝汽式汽轮机，蒸汽量基本上是跟随调节阀的开度而变化，因此当调节阀开大的时候，汽轮机功率将随之增大，两者的变化可以说基本上是同时进行的。

调节阀关小时，由于同样原因，中、低压缸的流量也只能逐渐减小，由于中间再热容积很大，其压力的变化是很缓慢的，因此中、低压缸的蒸汽流量只能缓慢地变化。这样对于中间再热式汽轮机，当调节阀开度变化时，只有高压缸的功率P_1，是迅速地随着阀门的开度而变化，而中、低压缸功率P_2、P_3占汽轮机总功率很大的比例（2/3~3/4），因此中间再热式汽轮机功率变化缓慢，不能适应负荷迅速变化需要的矛盾就比较突出。再热式汽轮机功率变化曲线见图5-2-2。

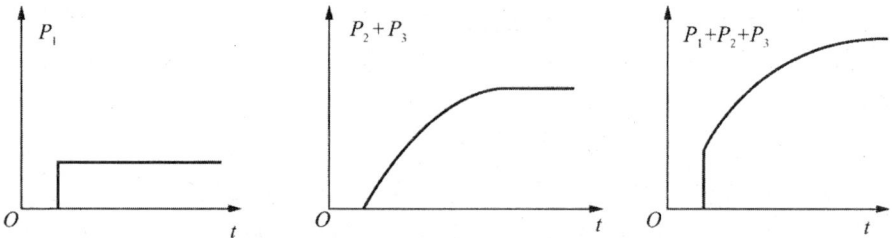

图5-2-2　再热式汽轮机功率变化曲线

当电网负荷增加、频率降低时，要求汽轮机调节阀及时开大，增大汽轮机功率以调整电网频率，由于中间再热式汽轮机功率变化缓慢，因此调频作用不如一般凝汽式汽轮机。根据电网的具体情况，对于中间再热机组参加一次调频的能力可提出不同的要求。

5.2.2　改善再热式汽轮机调节特性的措施

1. 设置中压缸的主汽阀和调节阀

为了在甩负荷时能够阻止再热管道中的蒸汽进入中、低压缸，在中压缸前边设置主汽阀和调节阀，中间再热蒸汽先经过中压主汽阀和中压调节阀后再进入中压缸当中，中压主汽阀受危急遮断器控制，而中压调节阀则同时受调速器和危急遮断器控制。

为了减少中压调节阀的节流损失，希望它在较大的负荷范围内是保持全开的，而当甩负荷时又要求它与高压调节阀一起参与调节，立刻关闭。通常用高压调节阀开度的30%以下作为中压调节阀的动作范围。

2. 高压缸调节阀的动态过开（或动态过关）

为了提高中间再热机组参加一次调频的能力，多数再热式汽轮机的控制系统中设有动态校正器，在负荷变化时，动态校正器使高压缸调节阀的开度超过静态所要求的数值，以后再逐渐减小至静态值，以改善再热机组的负荷适应性。

3. 设置旁路系统

当汽轮机的负荷较低或大幅度甩负荷时，机、炉之间的蒸汽流量供需将发生不平衡，锅炉的蒸发量大于汽轮机的用汽量，为了解决汽轮机空载流量与锅炉最低蒸发量之间相差较大的矛盾，并且为了保护再热器，再热式汽轮机大都设有旁路系统。

单元机组的旁路系统主要有五种形式。

（1）单级大旁路：汽轮机前的主蒸汽经减压减温后，直接排入凝汽器。

（2）两级串联旁路：由高压和低压旁路串联而成，高压旁路旁通高压汽缸，低压旁路旁通中、低压汽缸。

（3）三级旁路：由高、低压旁路串联再与大旁路并联而成。

（4）三用阀旁路：由高、低压旁路组成的两级串联旁路，且具有启动一溢流一安全三种功能，因此被称为三用阀旁路，是欧洲地区使用较为普遍的旁路系统。

（5）不设旁路系统：适用于机组承担电网的基本负荷，并对主、辅机的设计、运行和控制方式采取必要的安全措施的情况。

5.3 功率频率电液控制系统

不论是机械控制系统，还是液压控制系统，都是把负荷扰动引起的转速变化信号 Δn 输入调速器，再经过滑阀油动机的放大作用，控制调节阀开度的变化。在额定蒸汽参数下功率的变化与阀门开度成正比，最终使转速偏差 Δn 与功率变化 ΔN 成正比。同时因采用中间再热而带来的较大中间容积也使中低压缸的功率变化滞后破坏了机组的适应性，同样降低了一次调频能力。为改善机组的一次调频能力，目前的控制方案多增加一个功率控制器，形成了汽轮机功率频率电液控制系统。

5.3.1 功频电液控制系统工作原理

图5-3-1是功频电液控制系统的基本工作原理图，主要由电控（包括测功、测频、控制器PID、功放和给定等单元）和液压放大（包括滑阀和油动机）两部分组成。其中，测频单元感受转速的变化输出一个相应电压信号。校正单元是一个PID控制器，它对测频、测功及给定的输入信号进行比例、微分和积分运算，同时利用功放将信号加以放大以驱动电液转换器。电液转换器是电控部分和液压控制部分的联络部件，将电信号转换成液压控制信号去操纵控制系统。

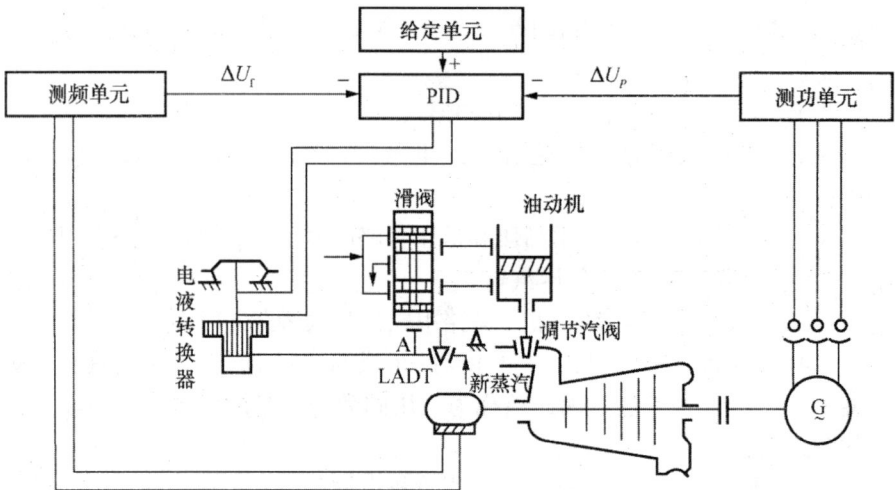

图5-3-1 功频电液控制系统原理

当外界负荷增加时，汽轮机转速下降，测频单元感受转速变化并产生一与其偏差成比例的电压信号 ΔU_f，输入到PID控制器。经PID运算后的信号输入到电液转换器的感应线圈，当线圈的电磁力克服了弹簧的支持力后，高压抗燃油（EH油）进入油动机底部，使油动机上行，开大调节阀门，增大汽轮机的功率以适应外界负荷变化。汽轮机的功率增加后，测功元件感受这一变化输出一负的电压信号 ΔU_p 到PID控制器。

无论是新蒸汽压力发生波动或是功率产生滞后，都能保证转速偏差与功率变化之间的固定比例关系，即保证了一次调频能力不变。这是功频电液控制系统的一大优点。

功频电液控制系统的原理方框图如图5-3-2所示。图中由测频单元和测功单元构成了两个闭合回路。在汽轮发电机没并网时，改变给定值可以控制汽轮机转速，而且可以精确地保持汽轮机转速与给定值吻合。

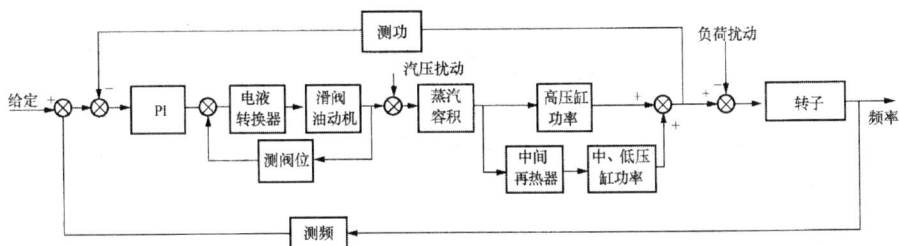

图5-3-2 功频电液控制系统的原理方框图

5.3.2 功频电液控制系统特性分析

由于汽轮机的功率信号不易测量，工程上经常用发电机功率信号代替汽轮机的功率信号。以发电机功率调功的功频控制系统方框图见图5-3-3。因为这两个功率信号在静态时相等，所以从静态角度来说二者是没有区别的，但从动态角度分析，二者却有很大不同。

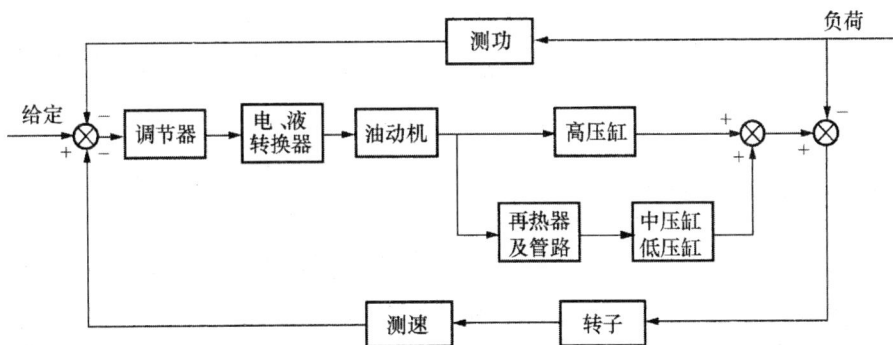

图5-3-3 以发电机功率调功的功频控制系统方框图

1. 系统的稳定性

采用汽轮机功率信号调功时，因为汽轮机功率是控制回路内的一个变量，将该信号反馈给调节器相当于引入了一个负反馈，所以对系统的稳定性是有利的。但是，如果用发电机的功率信号代替汽轮机功率信号，因为该信号处于系统闭合回路之外，所以它对系统的稳定性会有不利的影响。

2. 系统的负荷适应性

功频系统本身具有使调节阀动态过开以改善汽轮机负荷适应性的能力，它不需要在系统中附加动态校正器即可达到上述目的。下面阐述它的工作原理。

假设给定值没有发生变化，汽轮发电机组在并网运行，因某种因素使电网的频率下降了 $\triangle f$，因为电网频率变低，所以测速元件输出电压也变低，PI控制器即将此信号运算后经功率放大送电液转换器，使得油动机的开度增加，按照汽轮机的负荷分配，功率变化中只有小部分是（ $1/4 \sim 1/3$ ）来自高压缸，而大部分来自中、低压缸。

给定值变化时，控制过程基本上是相同的。但汽轮机功率的变化需要适应新的给定值的要求，当功率变化所引起的测功元件输出电压的变化抵消了给定电压的变化值时，系统就达到了新的平衡状态。

3. 功频系统的甩负荷特性

图5-3-4是以发电机功率作为功率信号的功频系统在甩负荷时的过渡过程曲线，其转速飞升值要比以汽轮机功率作反馈信号时高得多。这种现象通常称之为"反调"，它不仅对系统甩负荷时克服转速飞升带来不良的影响，而且对电网发生事故时的稳定性也是不利的。

为什么以发电机功率信号代替汽轮机功率信号会出现"反调"呢?从图5-3-3可以看到，转速升高会使油动机关小调节汽阀，而功率（不管是发电机功率还是汽轮机功率）减小的信号与转速升高的信号是相互抵消的，所以功率减小的信号将使得油动机开大调节汽阀。

假设汽轮发电机突然甩去全负荷，则汽轮转速迅速上升，关小调节汽阀，减少汽轮机功率，最后建立起新的平衡。图5-3-5给出的是甩负荷时发电机负荷信号 U_{PE}、转速信号 U_n 和汽轮机功率信号 U_{PT} 的变化曲线。

对于以汽轮机功率作为功率信号的系统，由于汽轮机功率信号始终落后于转速信号，甩负荷后二者之差始终为正，所以不可能出现"反调"，而对于以发电机功率作为功率信号的系统，转速信号落后于发电机功率信

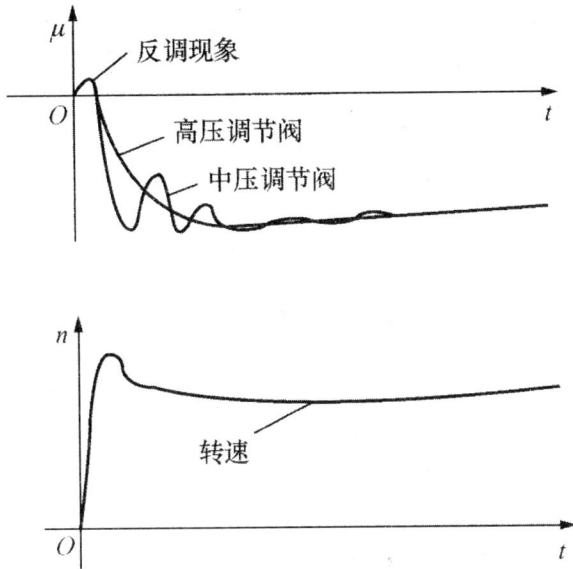

图5-3-4　以发电机功率作为功率信号的功频系统在甩负荷时的过渡过程曲线

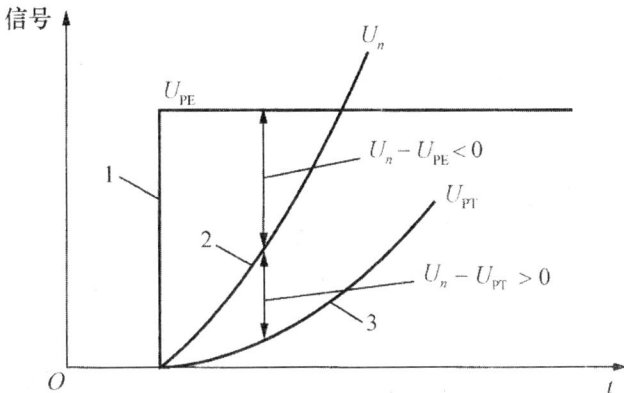

图5-3-5　甩负荷时发电机负荷信号、转速信号和汽轮机功率信号的变化曲线

1—发电机负荷信号；2—转速信号；3—汽轮机功率信号

号，甩负荷后的初始阶段二者之差为负值（$U_n - U_{PE} < 0$），它将使调节汽阀开大而不是关小，因此会出现"反调"现象。

对于系统所出现的"反调"现象，可以采取下述措施来加以克服。

（1）在系统中引入转速的微分信号，把发电机功率信号校正成为汽轮机功率信号。

（2）使测功元件与一个滞后环节相串联，以迟延功率信号。

（3）在系统中引入负的功率微分信号以迟延功率信号。

（4）在甩负荷时，同时切除功率给定信号。

5.4 数字式电液控制系统

大容量汽轮机的控制系统已普遍采用了数字式电液控制系统（Digital Electro-Hydraulic Control System，DEH）。DEH系统集中了两大最新成果：固体电子学新技术——数字计算机系统，液压新技术——高压抗燃油系统，较以往的模拟控制在通信、控制功能的扩展和故障诊断等方面具有明显的优点，体现了汽轮机控制的新发展。

5.4.1 DEH控制系统的组成

引进型300MW机组的DEH控制系统，是根据西屋公司DEH-Ⅲ型的功能原理开发的。

图5-4-1为该机组的DEH系统图，主要由五大部分组成。

（1）电子控制器。主要包括数字计算机、混合数模插件、接口和电源设备等，均集中布置在六个控制柜内。主要用于给定、接受反馈信号、逻辑运算和发出指令进行控制等。

（2）操作系统。主要设置有操作盘、图像站的显示器和打印机等，为运行人员提供运行信息、监督、人机对话和操作等服务。

（3）油系统。本系统的高压控制油与润滑油分开。高压油（EH系统）采用三芳基磷酸酯抗燃油，为控制系统提供控制与动力用油，系统设有油泵两台，一台工作，一台备用，供油油压为12.42~14.47MPa。

（4）执行机构。主要由伺服放大器、电液转换器和具有快关、隔离和逆止装置的单侧油动机组成，负责带动高压主汽阀、高压调节汽阀和中压主汽阀、中压调节汽阀。

（5）保护系统。设有六个电磁阀，其中两个用于超速时关闭高、中压调节汽阀，其余用于严重超速（$110\%n_0$）、轴承油压低、EH油压低、推力轴承磨损过大、凝汽器真空过低等情况下危急遮断和手动停机之用。

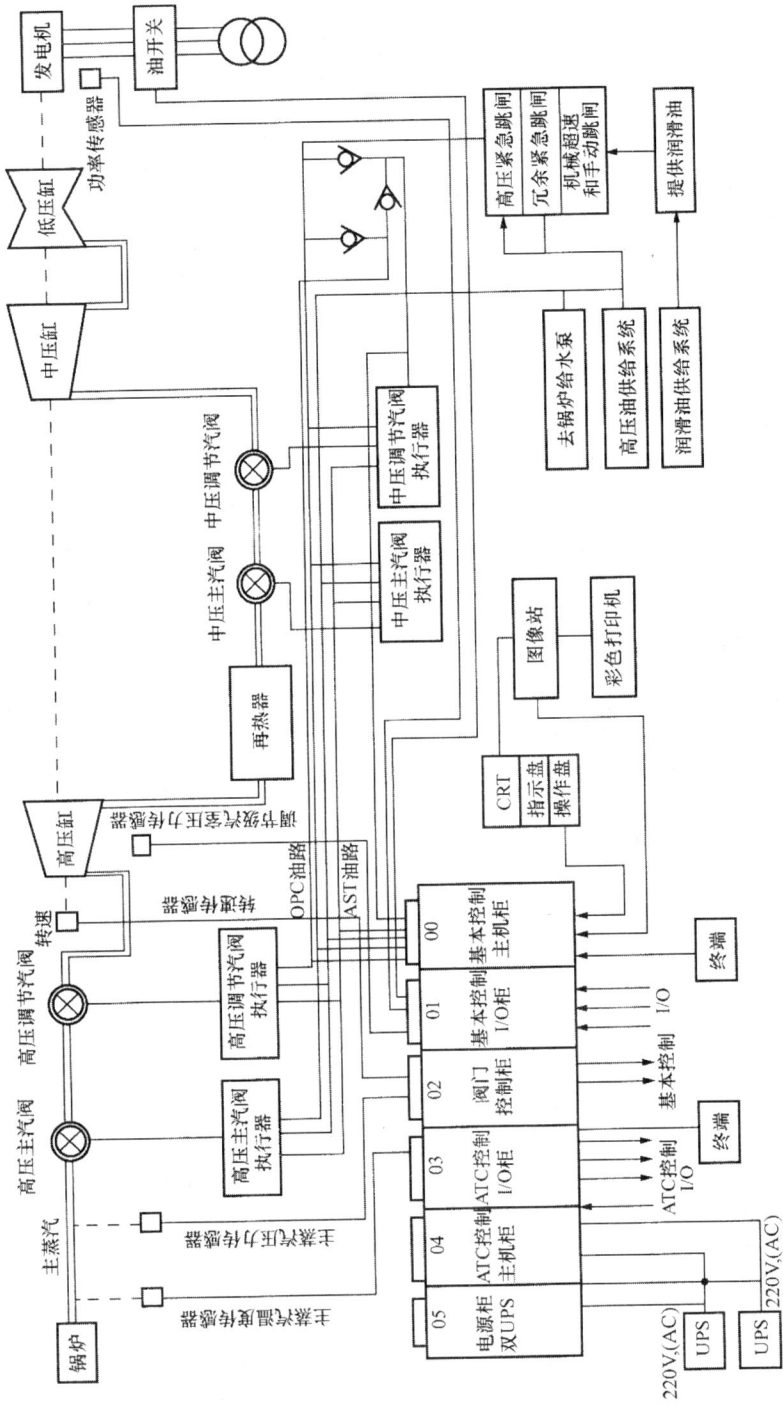

图5-4-1　300MW机组的DEH控制系统

5.4.2　DEH控制系统的原理

图5-4-2为中间再热式汽轮机DEH控制系统的原理方框图，它也是一种功率—频率控制系统，与模拟电调相比较，其给定、综合比较部分和PID（或PI）的运算部分，都是在数字计算机内进行的。

图5-4-2所示系统中，λ_n 和 λ_p 分别为转速和功率给定值，输出是频率f（转速n），外扰是负荷变化R，内扰是蒸汽压力变化p；控制对象考虑了控制级汽室压力特性、发电机功率特性和电网特性，与此相关，设置了控制级压力pT、机组功率PE和转速n三种反馈信号。

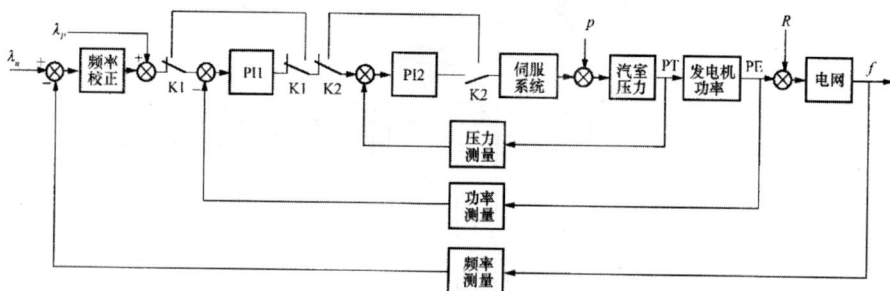

图5-4-2　中间再热式汽轮机DEH控制系统的原理方框图

该系统为串级PI控制系统。整个系统由内回路和外回路组成，内回路包括控制级压力和功率反馈两个回路，增强了控制过程的快速性；外回路则保证了输出严格等于给定值。

当系统受到扰动时，进入汽轮机的流量变化，首先引起控制级压力的变化，该压力能准确地反映汽轮机功率的变化，并使该回路较快做出响应。而发电机功率的变化既受自身惯性的影响，又受中间再热容积的影响，其系统响应较慢。机组参与调频时，其转速取决于电网的频率，但由于它只是网内的一台机组，在电网容量较大的情况下，转速回路的反馈一般较小，影响较弱。

当机组处于调频方式运行时，若电网的负荷增加，则其频率下降，机组的转速也随之下降，经与转速给定值比较，输出为正偏差，经PI控制器校正后的信号，输入伺服放大器，再经电液伺服阀、油动机，然后开大调节汽阀，于是发电机的功率增加。此时，系统有两种平衡方式：一种是增加功率给定值，直到与电网要求本机增加的负荷相适应，电网的频率回升，转速偏差为零，实际转速等于给定转速，电网的频率保持不变；另一种是功率给定仍保持不变，电网的频率必然降低，于是转速的偏差就代表了功率的增加部分，此时系统的功率给定值及其所保持的负荷值是不一样的，而被转速偏差修正后的负荷给定值，才是控制系统所保持的负荷值。这种方式是以损害电网频率为代价获得的平衡，在机组甩负荷时动态品质会变坏，甚至存在超速的危险。

当机组处于非调频方式运行时，转速偏差信号就不应进入系统，或者是将该偏差乘以较小的百分数，使机组对外界电网负荷的变化不敏感，只按系统本身的负荷给定值来控制机组。

DEH系统在串级控制下，外回路PI1为主控制器，当系统处于非调频方式运行时，它保证系统输出的功率严格等于负荷的给定值。由于其动态特性最好，因此应作为DEH系统的基本运行方式。而单级PI1或PI2控制方式时，系统虽然仍可继续运行，但控制品质将有所下降，应作为备用运行方式。

系统中控制参数的整定，应以保证系统综合动态品质最好为原则。外回路的控制参数，应使比例—积分输出的平衡位置为1，当输入的偏差为正时，输出向大于1的方向积分；当输入的偏差为负时，输出向小于1的方向积分；为了避免积分太强，引起系统的不稳定，应对输出设上、下限值，使之在1的附近摆动。内回路的PI参数与外回路互为制约，需综合考虑内、外回路的特性，才能获得最佳的调节参数。

5.4.3 DEH控制系统的基本功能

目前的DEH系统在基本控制和保护功能方面大体相同，但由于机组类型及其要求的不同，各制造厂的传统和所在国科技水平的影响依然存在，因而，各DEH系统的功能也不尽相同，各具特色。下面讨论的是由西屋公司发展，并为许多国家所采用的再热机组DEH系统的功能。

1. 汽轮机自启停控制（ATC）功能

DEH控制系统的汽轮机自启停控制，是通过状态监测、计算转子的应力，并在机组应力允许的范围内优化启动程序，用最大的速率与最短的时间实现机组启动过程的全部自动化。

ATC允许机组有冷态启动和热态启动两种方式。冷态启动过程包括从盘车、升速、并网到带负荷，其间各种启动的操作、阀门的切换等全过程均由计算机自动进行控制。两种启动方式均由相应的转速或负荷回路进行控制。

在非启停过程中，也可以实现ATC监督。

2. 汽轮机的负荷自动控制功能

汽轮机的负荷自动控制有两种情况。冷态启动时，机组并网带初负荷（5%额定负荷）后，负荷由高压调节汽阀进行控制。处于负荷控制阶段的DEH控制系统具有下列几种功能。

（1）具有操作员自动、远方控制和电厂计算机控制方式，以及它们分别与ATC组成的联合控制方式。

（2）具有自动控制（A机和B机双机容错）、一级手动和二级手动冗余控制方式。

（3）能够采用串级或单级PI控制方式。当负荷大于10%以后，可由运行人员选择是否采用控制级汽室压力和发电机功率反馈回路，从而也就决定了采用何种PI控制方式。

（4）能够采用定压运行或滑压运行方式。当采用定压运行时，系统有阀门管理功能，以保证汽轮机能获得最大的效率。

（5）按照电网的要求，可以选择调频运行方式或基本负荷运行方式；设置负荷的上下限及其速率等。

除上述功能外，还有主汽压力控制（TPC）和外部负荷返回（RUN BACK）等保护主要设备和辅助设备的控制方式，运行控制非常灵活。

3. 汽轮机的自动保护功能

为了避免机组因超速或其他原因遭受破坏，DEH的保护系统有如下三种保护功能。

（1）超速保护（OPC）。该保护只涉及调节汽阀，即转速达到103% n_0 时快关中压调节汽阀；在103% n_0 <n<110% n_0 时，超速控制系统通过OPC电磁阀快关高、中压调节汽阀，实现对机组的超速保护。

（2）危急遮断控制（ETS）。该保护是在ETS系统检测到机组超速达到110% n_0 或其他安全指标达到安全界限后，通过AST电磁阀关闭所有的主汽阀和调节汽阀，实行紧急停机。

（3）机械超速保护和手动脱扣。前者属于超速的多重保护，即当转速高于110% n_0 时实行紧急停机；后者为保护系统不起作用时进行手动停机，以保障人身和设备的安全。

4. 机组和DEH系统的监控功能

该监控系统在启停和运行过程中，对机组和DEH装置两部分运行状况进行监督，内容包括操作状态按钮指示、状态指示和CRT画面，其中对DEH监控的内容包括重要通道、电源和内部程序的运行情况等；CRT画面包括机组和系统的重要参数、运行曲线、潮流趋势、故障显示和画面拷贝，以及越限报警和事故追忆。

第6章　直流锅炉及其控制

本章探讨的主要内容是直流锅炉及其控制问题，其中主要涉及的有其动态特征、基本控制方案，此外还对其给水控制系统、过热汽温控制系统和超临界机组协调控制系统给予充分的讲解。

6.1　直流锅炉的特点及动态特征

6.1.1　直流锅炉的特点

超临界发电机组的目前运行压力均为24~25MPa。对于这一机组的定义，往往是指那些过热器出口主蒸汽压力超过22.129MPa的。可以说，这一机组在运行中，如果压力超临界，那么饱和水和饱和蒸汽之间的差别完全消失。通常结合汽包锅炉的特点，我们可以介绍直流锅炉的特点有如下内容。

1. 汽包锅炉的特点

（1）自然循环。汽包锅炉的汽水流程如图6-1-1所示，汽包锅炉的汽水行程中，锅炉的受热面会在运行过程中，被分割为加热、蒸发和过热三段。其中，蒸发段由汽包、下降管、联箱和水冷壁组成小循环回路，一般汽包锅炉的蒸发段中工质循环是靠水冷壁中汽水混合物和下降管中水的重力差来推动的，即形成自然循环（也有靠循环泵的强制循环汽包锅炉）。

（2）受热面的界限是固定的。汽包既是汽水分离容器，又是省煤器、水冷壁、过热器的汇合容器，它把锅炉各部分受热面明确分开，在整个的运行过程中，其各受热面的大小固定不变，尤其需要注意的是，这一点是不受负荷、燃烧率所影响的，因此，在控制上具有如下特点。

① 锅炉蒸发量主要由燃烧率的大小来决定（蒸发量由加热段受热面的吸热量 Q_1 和蒸发段受热面的吸热量 Q_2 决定），而与给水流量 W 的大小无

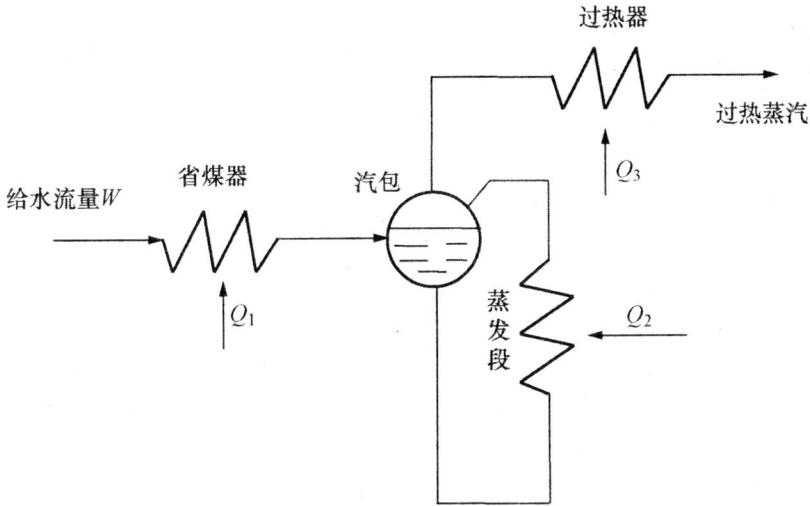

图6-1-1　汽包锅炉汽水流程

关。所以在汽包锅炉中由燃烧率调节负荷（实现燃料热量与蒸汽热量之间的能量平衡），由给水流量调节水位实现给水流量与蒸汽流量间的物质平衡，这两个控制系统的工作可以认为是相对独立的。

②汽包除作为汽水分离器外，还作为燃水比失调的缓冲器。在通常情况下，如果燃水比失去平衡关系，那么利用汽包中的存水和空间容积，就可以是先暂时维持平衡关系的作用，而各段受热面积的界限是固定的，使燃料量或给水流量的改变对过热汽温的影响较小。因为过热蒸汽温度主要取决于加热段、蒸发段吸热量（它们决定了锅炉将产生多少饱和蒸汽量）与过热段吸热量的比值（Q_1+Q_2）：Q_3。由于汽包锅炉各受热面的区域界限是固定的，所以当燃烧率变化时，即使 Q_1、Q_2、Q_3 也都发生了变化，但这个比值不会有太大的改变，因而对汽温的影响幅度较小。因此在汽包锅炉中仅依靠改变减温水流量 W_j 来控制过热蒸汽温度。而改变 W_j 时，可近似认为对汽包水位H和主蒸汽压力 p_T 没有影响。

如当给水流量W增加，破坏原有的平衡关系时，汽包水位H上升，由于燃料量M没变，各段受热面积及相应的吸热量不变，因此过热汽温T和主蒸汽压力 p_T 可认为不变。当燃料量M增加，给水流量W不变，锅炉蒸发量增加，汽包水位H下降，由于各段受热面积比例不变，相应吸热量大体成比例增加，过热段吸热量与蒸汽流量同时增加，使过热汽温T变化不大。

当汽包锅炉运行状态用汽包水位 H、过热汽温 T 和主蒸汽压力 p_T 表示时，它们与三个调节量，即给水流量 W、温水流量 W_j 和燃料量 M 之间的关系可用传递矩阵表示为

$$\begin{bmatrix} H(s) \\ T(s) \\ p_T(s) \end{bmatrix} = \begin{bmatrix} G_{HW}(s) & 0 & G_{HM}(s) \\ 0 & G_{TW_j}(s) & G_{TM}(s) \\ 0 & 0 & G_{p_TM}(s) \end{bmatrix} \begin{bmatrix} W(s) \\ W_j(s) \\ M(s) \end{bmatrix}$$

可见传递矩阵为上三角阵。因此，汽包锅炉的水位、汽温和主蒸汽压力控制可采用相互独立的单变量控制系统进行控制。

（3）蓄热量大。锅炉蓄热量是其工质和受热面金属中储存热量的总和。汽包锅炉的蓄热能力比直流锅炉要大2~3倍，我们可以先分析它的部件，主要有重型金属汽包和较大的水容积，此外，它还配置有较粗的下降管和联箱等。

2. 直流锅炉的特点

（1）强制循环。直流锅炉属强制循环锅炉。图6-1-2所示为直流锅炉简图。通常，当锅炉处于正常负荷下，给水能够呈现出一定的状态，往往是经省煤器加热后，在通过给水泵的压力，在二者的作用下，通过螺旋管圈水冷壁（下辐射区）和垂直水冷壁屏以及后水冷壁吊挂管（上辐射区）并加热蒸发，然后经下降管引入折焰角和水平烟道侧墙（图中未画出），再引入汽水分离器。从汽水分离器出来的蒸汽再进入一级过热器中（对流过热区），然后再流经屏式过热器（上辐射区）和末级过热器（对流过热区）后加热成过热蒸汽，送至汽轮机。

（2）各受热面无固定分界点。直流锅炉的汽水流程工作原理，我们可以通过图6-1-3示意图看出，它主要是由各受热面及连接这些受热面的管道组成。

直流锅炉没有汽包，正因为此，在运行的过程中，它没有加热、蒸发和过热三段受热面的分界点，其过程主要是由管道内工质状态所决定。因此，对于其三段受热面积的比例来说，给水流量、燃料量、给水温度以及汽轮机调节阀门开度，都是十分重要的影响因素。

当给水流量不变，另一个数字发生变化，将燃料量增加，那么就会出现加热和蒸发的受热面缩短，蒸发段与过热段之间的分界向前移动，过热受热面增加，因此不难看出，所增加的燃烧热量全部用于使蒸汽过热，在这一过程中，过热汽温将急剧上升。燃料量、给水流量对过热汽温的影响如图6-1-4所示。

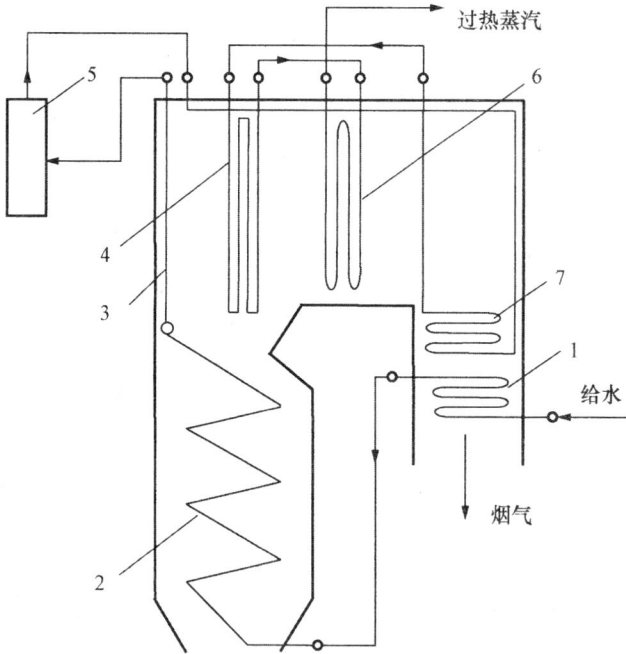

图6-1-2 直流锅炉简图

1—省煤器；2—螺旋水冷壁；3—垂直水冷壁（和后水冷壁吊挂管）；
4—屏式过热器（前屏和后屏）；5—汽水分离器；
6—末级过热器；7—一级过热器

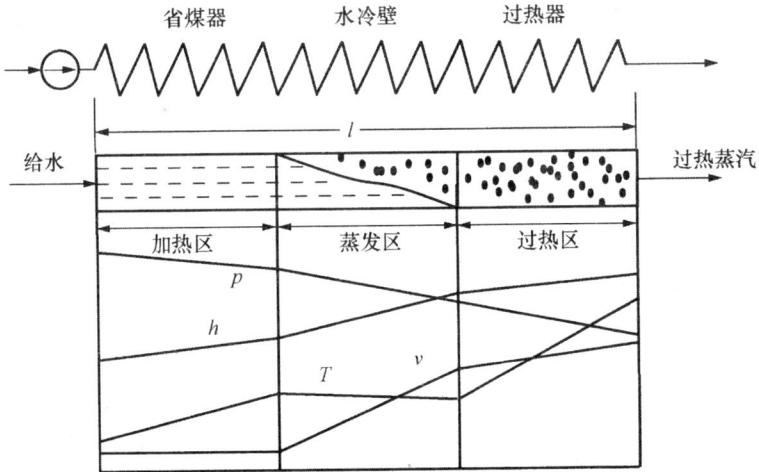

图6-1-3 直流锅炉原理示意图

P—压力；T—温度；h—焓；v—定压比热容

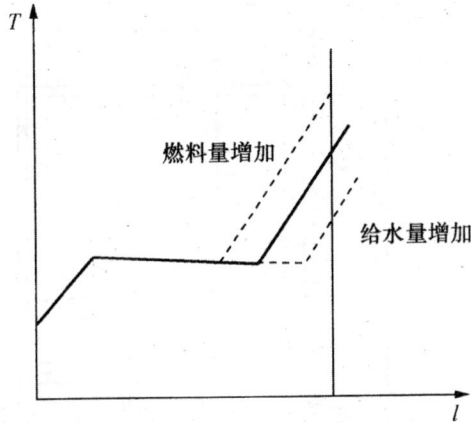

图6-1-4 燃料量、给水流量对过

下面将说明燃料量与给水量对过热蒸汽焓值h_{gr}或汽温的影响。一次工质在稳定工况下的热平衡方程式为

$$h_{gr} = h_{gs} + \frac{Q_{r1}}{W}$$

式中，h_{gr}为过热蒸汽焓值；h_g为给水焓值；W为给水流量；Q_{r1}为一次工质有效吸热量。

假定一次工质的吸热量Q_{r1}占锅炉内工质的有效吸热量的份额为φ_1，由此可得

$$Q_{r1} = MQ_{ar}\eta\varphi_1$$

式中，M为燃料量；Q_{ar}为燃料应用基的低位发热量；η为锅炉热效率。

由以上两式可得

$$h_{gr} = h_{gs} + \frac{M}{W}Q_{ar}\eta\varphi_1$$

在锅炉正常运行时，η和φ_1可近似看作常数。由上式可知，燃料量M增加，会使过热蒸汽焓值h_{gr}增加，如蒸汽压力不变，由焓熵图可知，过热汽温也增加。

（3）蓄热量小。直流锅炉汽水容积小，而且没有表现出汽包，并且在过程中所用金属也少，因此，这种锅炉所呈现出的蓄热能显著减小。也正因为此，其对外界负荷扰动比较敏感，这一点尤其体现在外界负荷变动时，这是所表现出的就是主蒸汽压力的波动比较剧烈，而这就给运行和自

动控制带来了困难。

但我们应该看到，在直流锅炉中，工质流动依靠给水泵压力推动，压力下降不会阻碍流动。但是在主动变负荷时，应该密切注意的是，由于直流锅炉的热惯性小，因此它所呈现出的蒸汽流量变化快，所以其负荷适应性快，有利于机组对电蕊高峰负荷的响应。

6.1.2 直流锅炉动态特性

1. 直流锅炉动态特性

在直流锅炉中，需要调节的有以下主要变量，他们分别是过热汽温 τ、主蒸汽压力 PT 和蒸汽流量 D（负荷）。我们应该注意的是，由于直流锅炉没有汽包，因此在整个过程中，给水经加热、蒸发和变成过热蒸汽往往是一气呵成，因此改变给水流量 W、燃料量 M（燃烧率）和汽轮机调节阀门开度 μ_T，可作为调节过热汽温、主蒸汽压力和蒸汽流量的手段。因此，直流锅炉是一个多输入/多输出的被控对象。下面从各个输入量单独阶跃扰动下对输出量的响应曲线来分析直流锅炉动态特性的特点。

（1）燃料量扰动下直流锅炉动态特性。图6-1-5（a）所示为燃料量扰动下直流锅炉有关参数响应曲线。从图中可以看出 M 阶跃增加，但在经过时间上的延迟后，所呈现出的是各受热面吸热量的增加，进而表现出附加蒸发量 D 也增加。

此外，从图中还能看出，主蒸汽压力 PT 有上升趋势，最后稳定在较高的水平，通过分析可以看出，其最初的上升是由于蒸发量的增大，后来尽管也表现出上升，但原因不同，后者是因过热汽温升高、蒸汽容积增大，而且 μ_T 不变的情况下，蒸汽流速增大的缘故致。

（2）给水流量扰动下直流锅炉动态特性。图6-1-5（b）展示的是给水流量扰动下，直流锅炉所呈现出的动态特性。从图中可以看出，当 W 增加而且受热面热负荷无变化，那么可以锁着锅炉的加热段和蒸发段的延长，蒸汽流量 D 会呈现出增加的态势，但其最终与给水流量相等。

此外，还能够看出，当给水量扰动时，其他三个变量也都存在迟延的状态。剖析这一现象的原因，能够看出这是因为自扰动开始，给水从入口到加热的时间长度，这一过程无疑会引起迟延，并且在之一基础上进一步又引起主蒸汽压力和过热汽温的迟延。

根据上面蒸汽流量、主蒸汽压力和过热汽温的分析可知，机组功

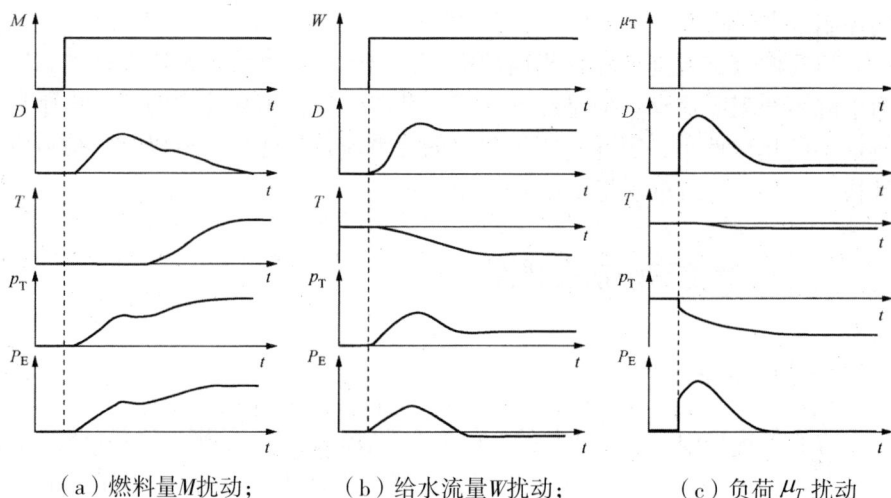

（a）燃料量M扰动；　　（b）给水流量W扰动；　　（c）负荷μ_T扰动

图6-1-5　直流锅炉动态特性曲线

率P_E开始时增加，但随后由于过热汽温的下降而减小到稍低于原来的数值上。

（3）负荷扰动下的动态特性。在机组运行过程中，外界负荷需求的变化一般是通过汽轮机调节阀门开度μ_T的变化来反映的。在调节阀门开度扰动下，主蒸汽压力、主蒸汽流量、过热汽温以及机组功率P_E的动态过程曲线如图6-1-5（c）所示。

由于锅炉输入热量未变，由蓄热转化而来的蒸汽流量是有限的，故经过一段时间后，蒸汽流量逐渐减少，最终与给水量相等，保持平衡。同时主蒸汽压力降低速度也趋缓，最后达到稳定值。

由上面的蒸汽流量、主蒸汽压力和过热汽温的变化可知，在调节阀门开度μ_T开大的最初阶段，虽然主蒸汽压力开始下降，但蒸汽流量有一个明显的增加，由于过热汽温只是略有下降，因此汽轮机功率变化与蒸汽流量变化基本一致，故机组功率P_E变化也与蒸汽流量变化基本一致。

从上面的分析可以看出：

（1）负荷扰动时，主蒸汽压力的变化没有迟延，变化很快，且变化幅度较大，这是因为直流锅炉没有汽包，蓄热能力小。若负荷扰动时，能保持给水流量不变，就能减小对过热汽温的影响。

（2）单独改变燃料量或给水流量，都会对整个过程造成重大的影响，这一点尤其体现在对过热汽温、主蒸汽压力和蒸汽流量等方面。从一定程度上来说，虽然这种影响产生的都很慢，但过热汽温对给水流量的动态响应相比较而言还是较快的态势。因此，变负荷过程中，应注意保持给水量与燃料量的相应比例协调动作。

2. 直流锅炉被控对象特点

（1）具有很强的耦合特性。从图6-1-5中可以看出，给水流量W、燃烧率（燃料量M）和汽轮机调节阀门开度μ_T这三个对象输入量中的任一输入量单独变化，除汽轮机调节阀门开度册对过热汽温度T影响较小外，其余的都会对过热汽温度T主蒸汽压力P_T和蒸汽流量D有很大的影响，具有很强的耦合特性：

这是由于直流锅炉在汽水流程上的一次性通过的特性，没有汽包将加热段、蒸发段和过热段都明确地分开，因此每一段的长度都受到燃料量、给水流量和汽轮机调节阀门开度的扰动而发生变化，从而导致了主蒸汽压力P_T、蒸汽流量D和过热汽温的变化。因此，锅炉被控对象是一个多输入多输出的强耦合多变量系统。

（2）对象的非线性。超临界发电机组中的直流锅炉，各区段工质的比热、比容变化剧烈，工质的传热与流动规律复杂。当机组在变压运行时，随着负荷的变化，工质压力将在亚临界到超临界的广泛范围内变化（一般在10~25MPa之间），随着工质物性变化巨大，使得直流锅炉表现出严重的非线性，具体体现为：汽水的比热、比容和焓值与它的温度、压力的关系是非线性的，传热特性、流量特性是非线性的。

6.2　直流锅炉的基本控制方案

6.2.1　直流锅炉的控制任务

直流锅炉的控制任务和汽包锅炉基本相同，其目的是：①使锅炉的蒸发量迅速适应负荷的需要。②保持蒸汽压力和温度在一定范围内。③保持燃烧的经济性。④保持炉膛负压在一定范围内。所以，直流锅炉的控制系统也包括给水、燃料、送风、炉膛压力和汽温等控制系统。但是由于直流锅炉在结构上与汽包锅炉有所不同，因此在具体完成上述控制任务时就与汽包锅炉有些差异，主要体现在给水控制和过热汽温控制上有所不同。

6.2.2 直流锅炉的负荷控制

目前，对于直流锅炉的负荷控制，我们首先可以分析单元机组负荷控制系统，而且通过前文分析可知，直流锅炉的动态特性主要体现在燃烧率或给水流量，他们二者能够对主蒸汽压力P_T、机组功率P_E、蒸汽流量和过热汽温都有显著影响。

但同时也应该注意到，锅炉负荷控制最终需要保持平衡，不仅是能量的平衡，同时也要物质平衡，所以直流锅炉在负荷控制时，需要燃料量（燃烧率）和给水流量协调变化。此外，当单独改变燃料量或给水流量作为锅炉的负荷调节手段时，会使过热汽温发生明显的变化，因此当负荷改变时，从避免过热汽温波动的角度来看，也需使燃料量（燃烧率）和给水流量保持适当比例。

因此，在单元机组负荷控制中，直流锅炉参与负荷控制的手段主要是燃料控制系统和给水控制系统，在这个过程中，首先需要做的就是合理配合两个控制系统，从而能够进一步地使锅炉出力满足负荷要求，进而能够合理地使过热汽温基本稳定。

第一种控制方案如图6-2-1所示，锅炉指令BD送给水调节器来调节给水流量，给水流量经函数发生器$f(x)$给出相应给水流量下的燃料量需求值，以保证燃料量和给水流量的合理配比，以实现调节负荷的同时维持过热汽温的基本稳定，即"煤跟水"的调节方式。

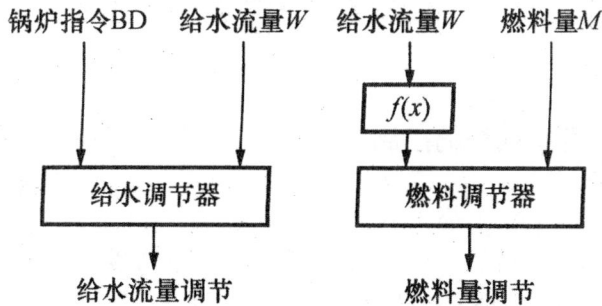

图6-2-1　直流锅炉负荷控制方案之一

第二种控制方案如图6-2-2所示，锅炉指令BD送燃料调节器来调节燃料量，燃料量经函数发生器$f(x)$给出给水流量需求值，因此给水控制系统是根据燃料量来调节给水流量，以保证燃料量和给水流量的合理配比，

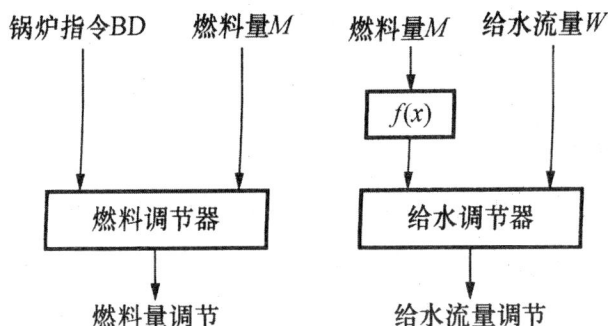

图6-2-2　直流锅炉负荷控制方案之二

以实现调节负荷的同时维持过热汽温的基本稳定，即"冰跟煤"的调节方式。

　　上面两种控制方案没有考虑时间差异，实际上燃料量扰动下的过热汽温动态响应时间大于给水流量扰动下的过热汽温动态响应时间。为此需对锅炉指令BD进行动态校正，以保证燃料量和给水流量的动态匹配，其控制方案如图6-2-3所示。锅炉指令BD不仅送入燃料调节器，还经过迟延环节$f(x)$后再经过函数发生器$f(x)$送到给水调节器中，增加滞后环节，以实现锅炉指令BD的时间延迟，以补偿过热汽温对燃料响应上的时间滞后。由于燃料量是锅炉指令BD的函数，因此，函数发生器$f(x)$间接地确定了燃水比。这样当锅炉指令BD改变时，燃料量调节先动作，给水量调节动作滞后于燃料量，通过选择合适的滞后时间，就能使得燃料与给水控制系统在完成锅炉负荷控制的同时，减小对过热汽温的影响，其动态校正效果如图6-2-4所示。

6.2.3　给水与过热汽温控制

　　对于直流锅炉来说，通过前面的分析可知，影响过热汽温的重要因素就是燃水比（Water Fuel Ratio，WFR），燃料量（燃烧率）或给水流量的单独改变，都使汽温发生明显的变化，因此，当负荷改变时，为了能够使的汽温的变化所呈现出的状态变化不大，必须使燃烧率和给水流量表现出一种合理的协调比例变化。

　　此外，烟气热量、给水温度和减温水流量也是影响过热汽温的主要因素，而改变烟气热量是再热蒸汽温度控制的主要调节手段（改变烟气挡板或燃烧器的倾斜角度），因此，直流锅炉过热汽温控制是以燃水比控制为

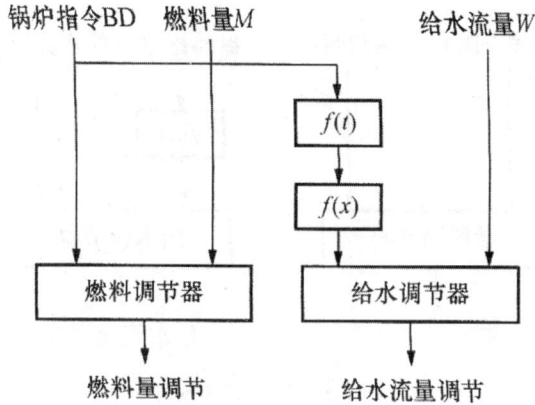

图6-2-3　常用直流锅炉负荷控制方案

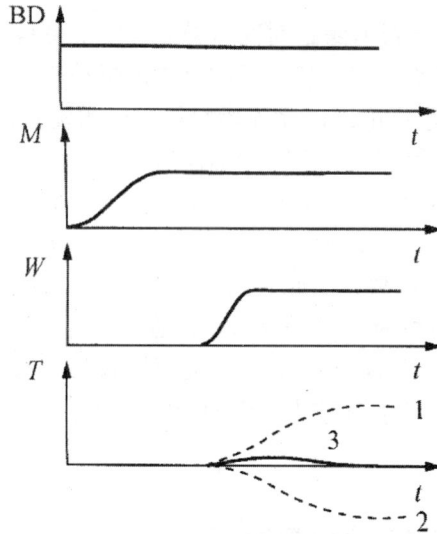

图6-2-4　燃水动态校正效果

1—燃料对汽温影响；2—给水对汽温影响；3—校正后汽温

主，喷水减温为辅。

　　燃水比控制是控制过热汽温的主要手段，由于从燃料量到汽温（中间点温度或焓值）的控制通道迟延时间比从给水流量到汽温的控制通道迟延时间大。但燃水比控制对过热汽温影响的迟延大，而减温喷水能较快地改变过热汽温，所以采用喷水减温作为过热汽温控制的辅助手段。通过调节给水进行燃水比控制，进而实现过热汽温的粗调，而二级喷水减温控制实现过热汽温的细调，将二种控制手段协调起来，才能获得较好的过热汽温控制性能，保证锅炉过热汽温控制在要求的范围内。

6.3　直流锅炉的给水控制系统

6.3.1　采用中间点温度的给水控制方案

采用内置式汽水分离器的超临界机组，一般取汽水分离器出口蒸汽温度作为中间点温度来反映燃水比。

如图6-3-1所示为直流锅炉的喷水减温示意图，给水流量W一般是指省煤器入口给水流量，减温水流量W_j是指过热器一、二级减温水流量之和。锅炉总给水流量等于给水流量加上减温水流量减去分离器疏水量。改变给水流量W和减温水流量W_j都会影响过热汽温，通常通过改变锅炉总给水流量来改变给水流量W进而粗调汽温，改变减温水流量W_j进行过热气温细调。

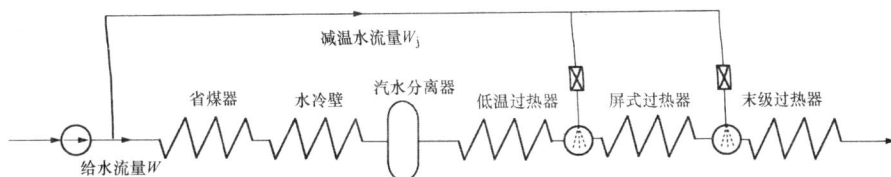

图6-3-1　直流锅炉的喷水减温示意图

当由于燃水比例失调而引起汽温的变化时，不能仅依靠调节减温水流量展开控制，因为这样有时会超出减温器的减温水流量可调范围。

用喷水比校正燃水比，是有一定的操作原则的，其主要内容是：在真个过程中，首先要根据设计工况，合理的确定不同机组负荷下的喷水比，然后，如果在操作中，当实际喷水比发生偏离时，我们就可以说燃水比例失调，这样会导致实际喷水比偏离给定值，因此，这时不能单一的依靠调节减温水流量来控制。

图6-3-2所示为600MW机组给水控制基本方案，系统采用中间点温度和喷水比来校正燃水比，并通过调节锅炉总给水流量来实现燃水比控制，从而实现过热汽温粗调的目的。

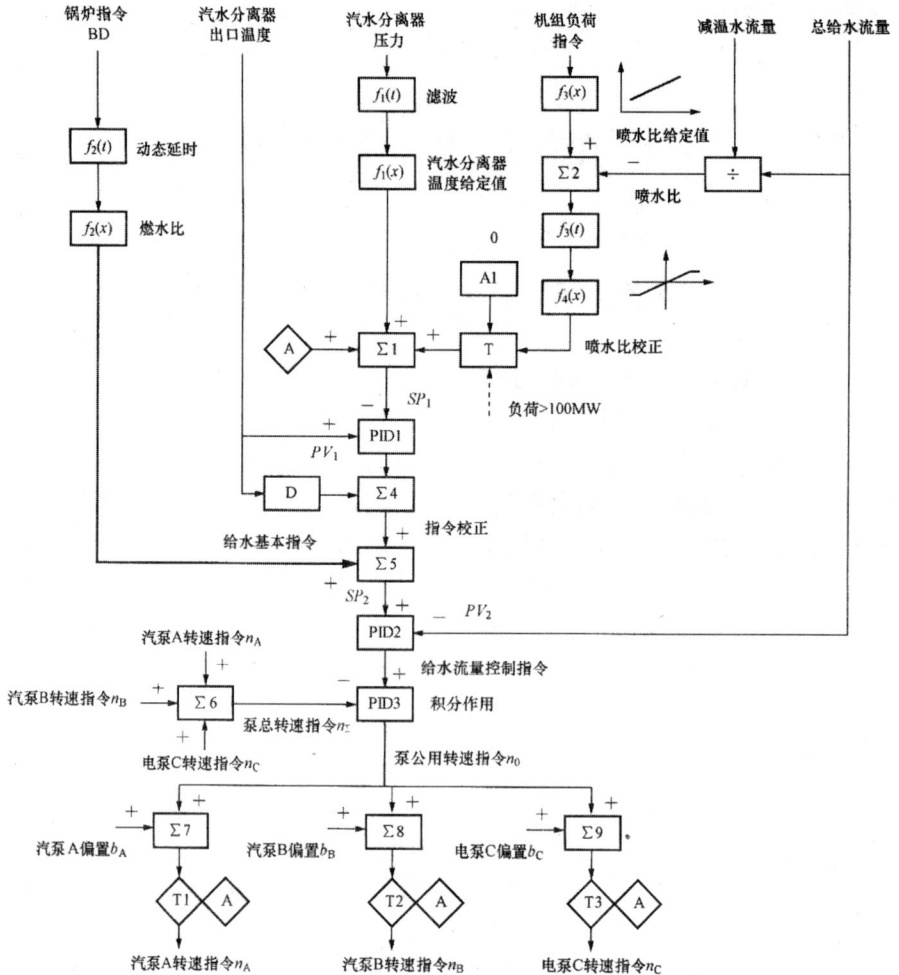

图6-3-2　采用中间点温度的给水控制方案

　　这是一个前馈—串级调节系统，副调节器PID2输出为给水流量控制指令，通过控制给水泵的转速使得锅炉总给水流量等于给水给定值，以保持合适的燃水比。主调节器PID1以中间点温度为被调量，其输出按锅炉指令BD形成的给水流量基本指令进行校正，以控制锅炉中间点汽温在适当范围内。

　　锅炉总给水流量给定值SP2是由给水基本指令和主调节器PID1输出的校正信号两部分叠加而成。

　　锅炉指令BD作为前馈信号经动态延时环节$f_2(t)$和函数发生器$f_2(x)$后给出的给水流量基本指令，以使燃水比协调变化。其中，$f_2(t)$是补偿燃料量和给水流量对水冷壁工质温度的动态特性差异。由于在整体的操作中，燃料制粉过程的迟延会对后面产生影响，在加之燃料燃烧发热与热量传递的迟延。

因此，从整体来看，给水流量对水冷壁工质温度的影响非常大，而且从某种程度上来说，在操作中要先加燃料，经$f_2(t)$延时后再加水，以防止给水增加过早使水冷壁工质温度下降。锅炉指令BD经$f_2(x)$给出不同负荷下的给水量需求。

校正信号是以分离器蒸汽温度作为中间点温度来修正给水流量基本指令。校正信号由主调节器PID1输出的反馈调节信号和微分器$D(t)$输出的前馈调节信号组成，前者根据分离器蒸汽温度和它的给定值之间的偏差运算得到，后者是分离器蒸汽温度的微分。前馈信号起动态补偿作用，当燃料的发热量等因素发生变化，如发热量上升使分离器汽温上升时，$D(f)$的输出增加，提高给水流量给定值，使给水流量增加，以稳定中间点温度。

中间点温度的给定值由三部分组成：

（1）汽水分离器压力信号经函数发生器后给出分离器温度给定值的基本部分。其中$f_1(t)$是为消除汽水分离器压力信号的高频波动而设置的滤波环节。

（2）过热器喷水比的修正信号是由实际的过热器喷水比与其给定值的偏差计算得到。过热器喷水比率的给定值由机组负荷指令信号经函数发生器$f_3(x)$给出，它是根据设计工况（或校核工况）下一、二级减温水总量与机组负荷的关系计算得到的。滤波环节$f_3(t)$用于消除过热器喷水比率信号的高频波动。为防止修正信号动态波动较大而引起分离器的干、湿切换，因此喷水比修正作用不能太强，通过图中$f_4(x)$对其修正的幅度和变化率进行限制。

当喷水比大于$f_3(x)$给出的给定喷水比时，就意味着过热汽温高于设计工况（或校核工况）值。此时，为了将汽温降低到设计工况（或校核工况）的水平，需提供一个负的修正值，以降低中间点温度的给定值SP_2。喷水比大于给定值时使SP_1减小，SP_1减小导致主调PID1输出增加，提高了锅炉总给水流量给定值SP_2，通过增加给水流量，从而使汽温恢复到正常范围，使过热器喷水保持在合适的流量范围内。本系统的喷水比修正只在机组的负荷大于100MW之后才起作用，当机组的负荷小于100MW时，中间点温度给定值仅仅是分离器压力的函数。

（3）为了便于运行人员根据机组运行情况调整中间点温度，系统还设置手动偏置。

　　当实际运行工况偏离设计工况，如燃料的品质发生变化或燃水比失调使中间点温度偏离给定值时，通过改变锅炉总给水流量来改变燃水比，以稳定中间点温度。

　　给水泵转速控制回路中，泵总转速指令n_z为汽泵A转速指令n_A、汽泵B转速指令n_B和电泵C转速指令n_C之和。给水流量控制指令与泵总转速指令n_z的偏差送控制模块PID3中，利用控制模块PID3的积分作用，使泵总转速指令n_z等于给水流量控制指令。这样当某台泵的偏置增加（或减少）时，其对应的泵转速指令也增加（或减少），由于给水流量控制指令未变，积分作用使泵公用转速指令n_o减少（或增加），也使其他泵转速指令减少（或增加），最终使泵总转速指令n_z保持不变，以维持锅炉总给水流量不变。

6.3.2　采用焓值信号的给水控制方案

　　采用什么信号能更快速和精确地反映燃水比的变化，从而提高汽温调节的性能，一直是直流锅炉控制中研究的方向。

　　当给水量或燃料量扰动时，汽水流程中各点工质焓值都随着改变，且应该注意到的是，这时所呈现出来的焓值变化与给水量或燃料量变化，在方向上是呈现一致性的，也就是说，在操作中我们可以采用焓值来反映燃水比变化。

　　而且目前，在实际的操作中也多采用分离器出口过热蒸汽的焓值信号，其原因除了分离器出口焓值（中间点焓值）能快速反应燃水比外，此外，其重要性还在于分离器出口呈现出的是微过热蒸汽，通常，微过热蒸汽焓值更具有一定的优势，这主要指的是它与分离器出口微过热蒸汽温度相比较而言的，二者的不同主要表现在反应燃水比的灵敏度和线性度方面。

　　图6-3-3所示为采用焓值信号给水控制基本方案。该控制方案与图6-3-2所示的控制方案有许多相似，锅炉指令BD作为前馈信号经函数发生器$f_1(x)$和动态延时环节$f_1(t)$后，给出一个给水流量基本指令，控制系统根据分离器出口焓值偏差及一级减温器前后温差偏差形成燃水比校正信号，对给水流量基本指令进行校正，以确保合适的燃水比。

　　机组负荷指令经函数发生器$f_2(x)$，给出相应负荷下适量减温水流量条件的一级减温器前后温差给定值，当由于各种原因使得实际一级减温器前后温差偏离给定值时，如果不改变燃水比的话，就意味着各级减温水流量变化较大，有时会超出减温水流量可调范围，因此需用一级减温器前后温差

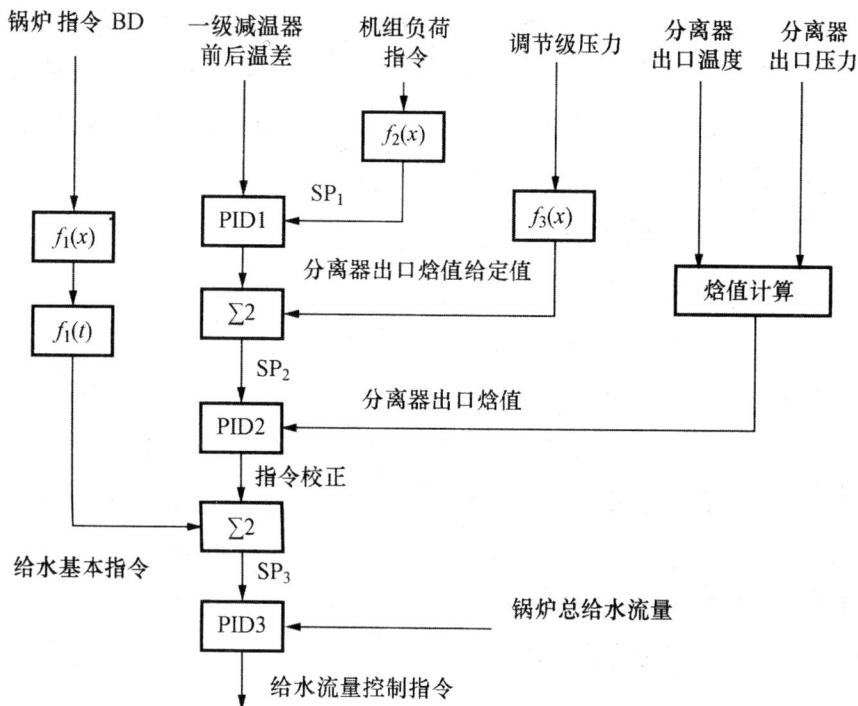

图6-3-3　采用焓值信号的给水控制方案

的偏差去修正燃水比，调整后的燃水比将使一级减温器前后温差稳定在温差给定值。

不难看出的是，这时引入的一级减温器，其所呈现出的前后温差信号，能够将调整燃水比与喷水减温这两种不同的控制手段，在实际的操作中合理的协调统一起来，从而能够使一级减温喷水调节阀合理有效的工作，从而达到可调要求。

此外，由于给水量对汽温有很大的影响，因此在操作过程中，选用一级减温器前后温差，是能够对燃水比的校正作用起到减慢速度的良好作用，所以调节器PID1输出的校正信号变化不能太剧烈，否则会使汽温的波动较大。

代表锅炉负荷的汽轮机调节级压力信号经函数器$f_3(x)$，给出不同负荷下的分离器出口焓值给定值。焓值给定值加上PID1输出的校正信号构成给定值SP2，由分离器出口压力和温度经焓值计算模块算出分离器出口焓值，该出口焓值与给定值SP2的偏差经调节器PID2进行PID运算后，作为校正信号，对给水基本指令进行燃水比校正。

调节器PID3的给定值是由锅炉指令BD指令给出的给水流量基本指令加上调节器PID2输出的校正信号构成。调节器PID3根据锅炉总给水流量与流量给定值的偏差进行PID运算，输出作为给水流量控制指令调节给水泵转速来满足机组负荷变化对锅炉总给水流量的需求。

6.3.3 采用焓增信号的给水控制方案

采用焓增信号的给水控制方案其原理是：由图6-3-1可知，在稳定的直流工况下，根据热力学第一定律，由省煤器出口到低温过热器入口这段工质（水）所吸收的热量 ΔQ 为

$$\Delta Q = \Delta H + \omega_t$$

式中：ΔH 为省煤器出口到低温过热器入口这段工质的焓增；ω_t 为省煤器出口到低温过热器入口这段工质的技术功，其包括轴功、动能增量和位能增量。

对于连续流动、未膨胀做功、落差有限的工质，轴功、动能增量和位能增量这3项可近似为0，于是有

$$\Delta Q = \Delta H$$

采用单位质量工质焓增 Δh 及单位时间来表述关系，则上式可写为

$$\Delta Q = W \Delta h$$

式中：ΔQ 为热量，kJ/s；W为给水流量，kg/s；Δh 为单位质量工质焓增，kJ/kg。

于是上式给出给水控制策略，即给水流量W为

$$W = \frac{\Delta Q}{\Delta h}$$

也就是根据省煤器出口到低温过热器入口这段工质所吸收的热量（后简写水吸收的热量）和省煤器出口到低温过热器入口这段工质的焓增（后简写焓增）来调节给水量。图6-3-4所示就是以上述原理为基础的给水控制方案。

在图6-3-4所示的给水控制系统中，由调节器PID3根据给定值SP_3与省煤器入口给水流量（锅炉给水流量）的偏差向给水泵控制回路发出给水流量控制指令，在给水泵控制回路中，要过调节给水泵转速来实现调节给水流量的要求。给水泵控制回路的控制原理与图6-3-2所示中的给水泵控制回路控制原理基本相同，在此不重复介绍。在此重点分析给水流量给定值SP_3

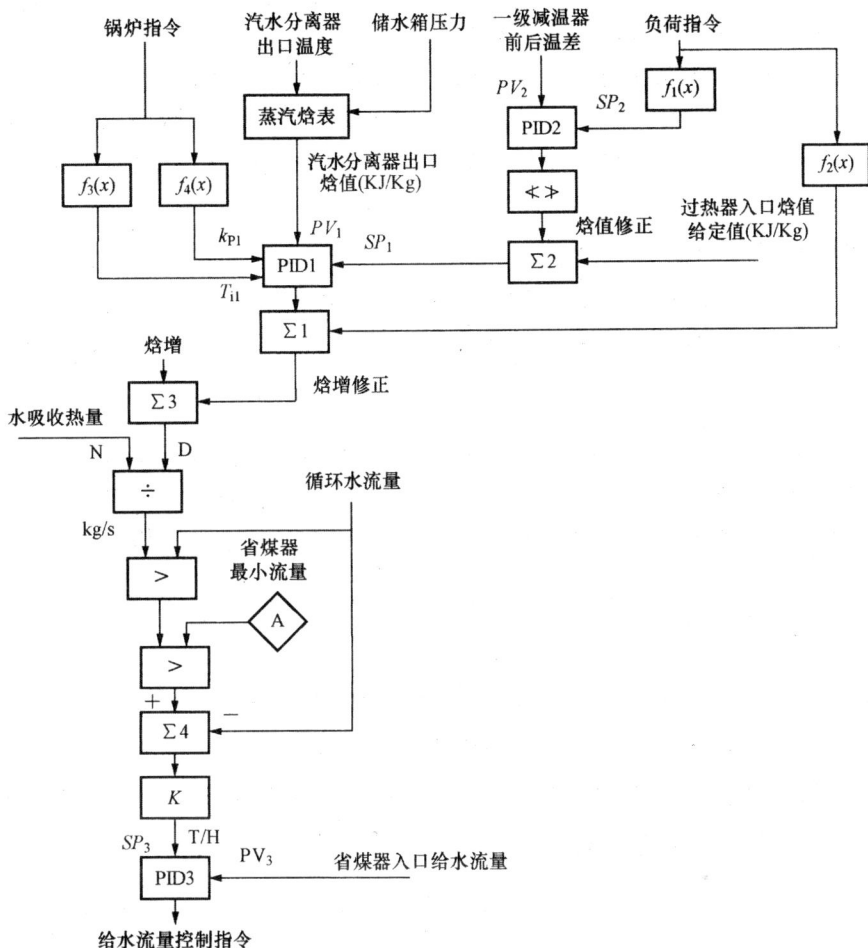

图6-3-4 以焓增为基础的给水控制方案

的形成。

在图6-3-4所示中，当锅炉负荷在35％~100％MCR范围内，没有循环水流量和省煤器入口最小流量限制时，省煤器入口给水流量（锅炉给水流量）给定值SP_3为

$$SP_3 = \frac{水吸收的热量}{焓增+焓增修正}$$

其中的水吸收的热量和焓增如图6-3-5所示给出。在图6-3-5所示中，水吸收的热量=给水流量设计值×设计焓增+储水箱蒸汽吸热，当设计焓增逻辑信号为"1"时，设计焓增经切换器T2作为焓增信号。于是上式变为

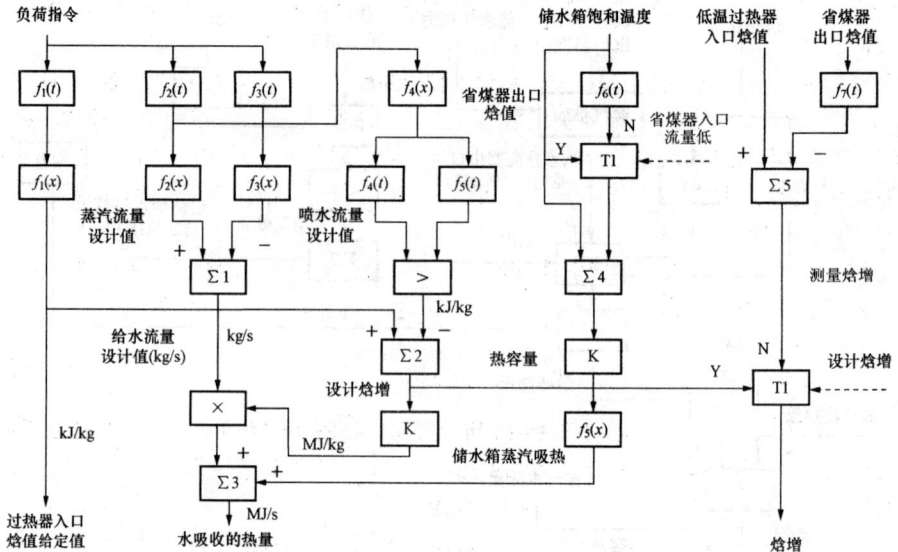

图6-3-5　水吸收热量及焓增计算回路

$$SP_3 = \frac{\text{给水流量设计值} \times \text{设计焓增} + \text{储水箱蒸汽吸热}}{\text{设计焓增} + \text{焓增修正}}$$

其中给水流量设计值和设计焓增是理论设计值，因此，在实际的操作运用中，要根据实际运行情况展开修正，以给出正确的给水流量，于是就有了焓增修正信号。

焓增修正信号是由调节器PID1根据汽水分离器出口焓值与其给定值SP_1的偏差给出。选择汽水分离器出口焓值（即低温过热器入口焓值）的偏差作为修正信号是因为汽水分离器出口焓值与过热器出口焓值有相似的动态特性曲线。同时，由调节器PID1来保证汽水分离器出口焓值在其要求的范围内，这样也就间接地控制着过热器的出口汽温。

由图6-3-4所示可见，汽水分离器出口焓值给定值SP1是由两部分组成：一部分是图6-3-5所示中的负荷指令经时间函数器$f_1(t)$和函数器$f_1(x)$给出设计条件下的汽水分离器出口焓值理论给定值；另一部分是由调节器PID2根据一级减温器前后温差与其给定值SP_2的偏差给出，这第二部分是根据实际情况对理论给定值的修正。当由于各种原因使得实际一级减温器前后温差偏离给定值时，如果不改变汽水分离器出口焓值理论给定值，也就是不改变给水流量来调节汽温的话，就意味着各级减温水流量就会变化较大，有时会超出减温水流量可调范围，因此需用一级减温器前后温差的偏差去修正汽水分离器出口焓值给定值，通过改变给水来调节汽温，使得一级减温器前后温差稳定在温差给定值。引入一级减温器前后温差信号，可使得一级减温喷水调节阀合理工作，以完成其操作目的。调节器PID2输出信号需经过限幅，否则修正过强反而会使汽温的波动变大。

焓增修正信号也是由两部分组成：一是汽水分离器出口焓值与其给定值的偏差控制信号；另一个是一级减温器前后温差与其给定值的偏差控制信号。正是由这些偏差控制信号构成焓增修正信号，利用 $SP_3 = \dfrac{\text{给水流量设计值} \times \text{设计焓增} + \text{储水箱蒸汽吸热}}{\text{设计焓增} + \text{焓增修正}}$ 式去对给水流量设计值进行修正，从而形成最终的给水流量给定值 SP_3。此外式 $SP_3 = \dfrac{\text{给水流量设计值} \times \text{设计焓增} + \text{储水箱蒸汽吸热}}{\text{设计焓增} + \text{焓增修正}}$ 还考虑了储水箱吸热对给水流量的影响。

当锅炉低负荷时，即蒸汽流量低于炉膛所需的最小流量时，由于有循环水进入省煤器，故给水流量给定值 SP_3 为

$$SP_3 = \dfrac{\text{给水流量设计值} \times \text{设计焓增} + \text{储水箱蒸汽吸热}}{\text{设计焓增} + \text{焓增修正}} - \text{循环水流量}$$

在图6-3-5所示中，当设计焓增逻辑信号为"0"时，设测量焓增经切换器T2作为焓增信号。于是给水流量给定值 SP_3 为

$$SP_3 = \dfrac{\text{给水流量设计值} \times \text{设计焓增} + \text{储水箱蒸汽吸热}}{\text{增量焓增} + \text{焓增修正}}$$

于是在上式中，不仅用焓增修正信号对给水流量设计值进行修正；同时还利用了测量到的省煤器出口至低温过热器入口的焓增信号对给水流量设计值进行修正。因此，这时有三个修正信号来影响给水流量给定值，一是汽水分离器出口焓值与其给定值的偏差控制信号；二是一级减温器前后温差与其给定值的偏差控制信号；三是省煤器出口至低温过热器入口的测量焓增信号。

在锅炉启动、低负荷运行及停炉过程中，为维持省煤器的最小流量，保护炉膛水冷壁管，当给水流量给定值低于省煤器最小流量限制时，通过大值选择器使给水流量给定值为省煤器最小流量限制值。

此外，考虑到直流锅炉的非线性，故根据锅炉负荷指令设定调节器PID1的比例增益和积分时间。

6.3.4 其他有关给水控制问题

1. 最小流量控制系统

一般超临界机组直流锅炉的给水系统由2台50%MCR锅炉容量的汽动给水泵及其前置泵和1台35%MCR锅炉容量的电动给水泵及其前置泵和高加等组成。各台给水泵的出口有单独的再循环管和再循环流量调节阀为泵提供最小流量控制，直流锅炉汽水流程如图6-3-6所示。

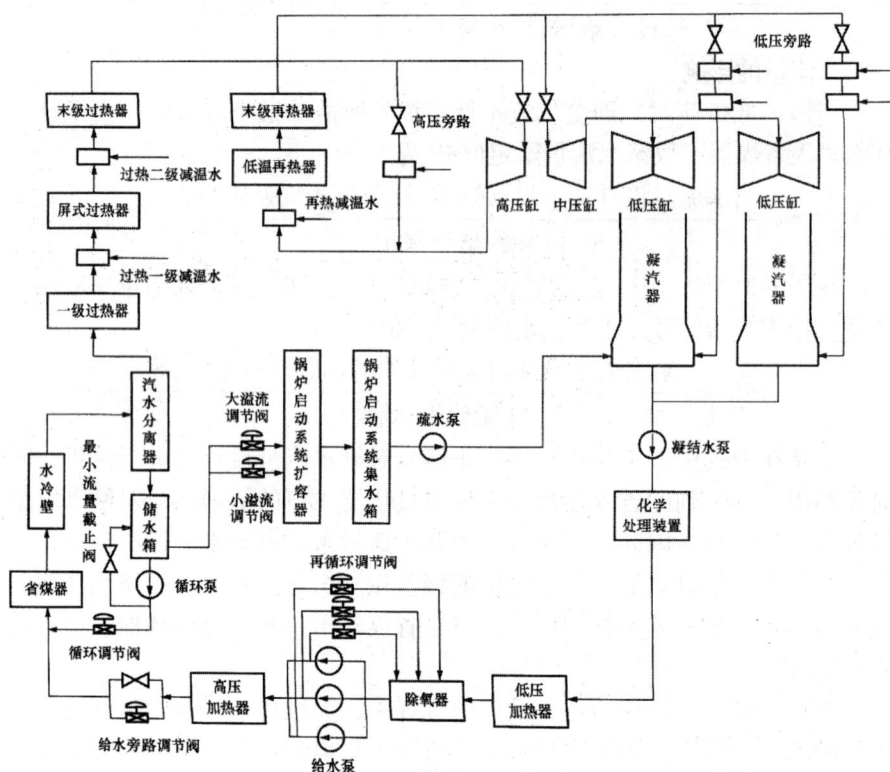

图6-3-6　直流锅炉汽水流程简图

由给水泵安全工作区可知：为了保证给水泵的安全，在任何工况下都不允许给水泵的流量低于最小允许流量，即避免泵的工作点落在上限特性曲线之外。因此当锅炉低负荷时，为了保证给水泵出口有足够的流量（应大于泵的最小流量），给水泵应该保证在最低转速下运行。这时给水泵出口多余的水则经过与给水泵并联的再循环调节阀流回到除氧器。为了保证通过每台给水泵的流量不低于最小允许流量，对每一台给水泵都设计了相应的给水泵最小流量控制系统。

由于汽动给水泵A、汽动给水泵B和电动给水泵C的最小流量控制系统互相独立，结构完全相同，下面以汽动给水泵A最小流量控制方案（如图6-3-7所示）为例加以说明。

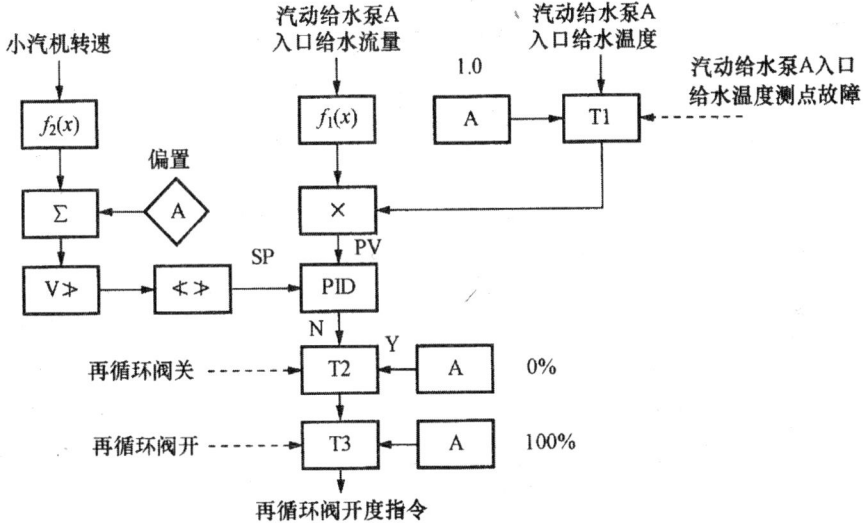

图6-3-7　汽动给水泵A最小流量控制方案

汽动给水泵最小流量控制系统为一单回路控制系统。给水泵入口流量作为控制回路的被调量，并引入给水泵入口温度进行温度补偿。最小流量定值由给水泵的特性曲线得出，在一定的给水泵转速下，对应有允许的最小入口流量，加上一定的偏置以提高给水泵运行的安全性。系统自动时，汽动给水泵A最小允许流量设定值SP和汽动给水泵A入口流量测量值PV的偏差经PID调节器进行比例积分运算，其输出作为汽动给水泵A再循环阀的开度指令。

当给水泵入口流量小于报警值（汽泵前置泵最小流量决定）时强制全开再循环阀；此外当接受从SCS顺控送过来的"打开最小流量再循环阀"指令后，给水泵最小流量再循环阀强制全开。

2. 给水泵出口压力控制

给水泵出口压力控制系统原理如图6-3-8所示。每台给水泵的入口给水

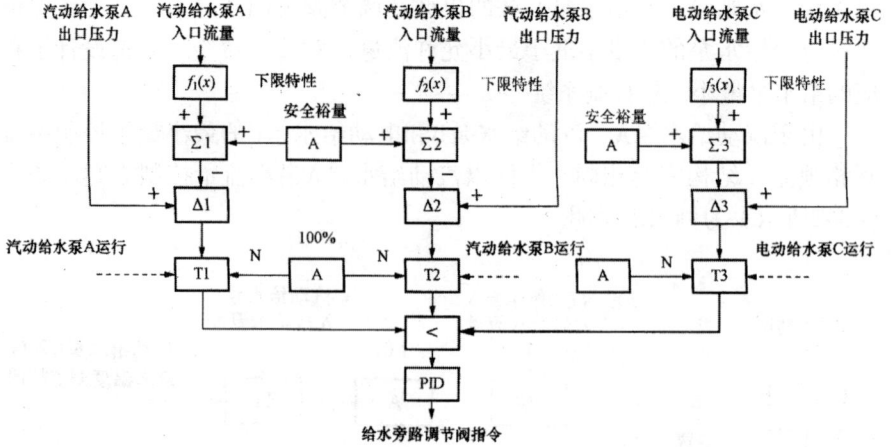

图6-3-8 给水泵出口压力控制系统原理图

流量经过相应的函数发生器 $f(x)$（泵的下线特性），给出泵的入口流量所对应的给水泵出口最低安全压力，为确保给水泵工作在安全区之内，在最低安全压力基础上还加上了一个安全裕量，作为该流量下给水泵出口压力的安全值。该安全值与给水泵的实际出口压力进行比较，当实际压力低于其安全值时，说明给水泵工作点将落在下限特性之外，这时负的偏差信号通过调节器PID输出信号将关小如图6-3-6所示中的给水旁路调节阀。给水旁路调节阀关小使流动阻力增加，给水流量下降，给水泵出口压力上升，使给水泵的工作点回到安全区。

当某台给水泵未运行时，切换器选择给定值A的输出，该值为正的100%，表示该给水泵未运行，无需保护。相当于不判断该给水泵的工作点。因为系统只设计了一个给水旁路调节阀，故三台给水泵的出口压力偏差信号，通过切换器T1、T2、T3和小值选择器选择后进入PID调节器，将三个切换器输出的最小值作为PID调节器的输入信号，意味着三台给水泵中只要任意一台给水泵的工作点有进入下限特性区域的趋势，即出口压力低于压力安全值，即偏差为负，调节器PID的输出就会减小，给出给水旁路调节阀关小，从而把给水泵出口压力提高到安全压力以上，并留有一定余地，维持给水泵出口母管的压力值在适当范围内。

机组正常运行时，给水泵出口实际压力大于其安全值，即给水泵在安全区内时，所有比较器输出为正，故PID调节器的入口偏差总是正值，给水旁路调节阀保持全开，不起限制流量的作用。

3. 循环流量与储水箱水位控制

直流锅炉给水控制系统中设置了专门的启动系统（如图6-3-9所示），启动系统在直流锅炉的启动和停运过程中主要重要作用是在锅炉启动、低负荷运行（蒸汽流量低于炉膛所需的最小流量时）及停炉过程中，维持炉膛内的最小流量，以保护炉膛水冷壁管，同时满足机组启、停及低负荷运行时对蒸汽流量的要求。在低负荷运行时，蒸发量小于给水流量，这时汽水分离器分离出的给水送至储水箱，本系统将储水箱的水再通过循环泵送入省煤器入口，该部分给水流量为循环流量。

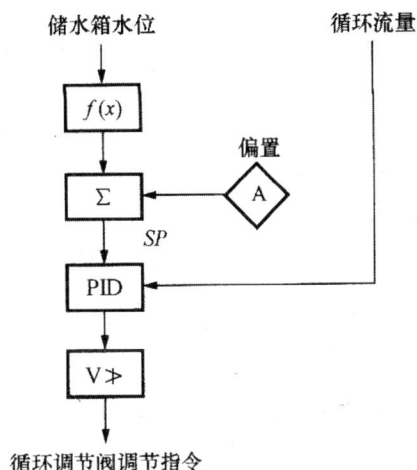

图6-3-9　循环流量控制方案

在稳定状态下，循环流量是由储水箱水位确定的，循环流量控制方案如图6-3-9所示。循环调节阀调节指令是调节器PID根据循环流量值和循环流量设定值的偏差计算而得的，通过改变循环调节阀的开度来调节循环流量大小。循环水流量设定值是储水箱水位通过函数发生器$f(x)$后与手动偏置值相叠加得到，循环流量是根据循环泵至省煤器流量经温度、压力补偿后得到的（图中未给出）。

给水泵流量是本生流量与循环流量之间的差值。当蒸发开始后，水冷壁中的汽水混合物在分离器中分离，饱和蒸汽进入过热器，饱和水返回到储水箱。随着锅炉负荷的不断上升，储水箱水位将逐渐下降，循环流量也将减少。

当负荷增加到本生负荷时，储水箱水位降到最低，图6-3-6所示中的循环调节阀关闭，当循环流量降低到约循环泵设计流量的20%时，最小流量截止阀开启，循环泵在最小流量下运行。

大小溢流阀的运行条件和控制范围如图6-3-10所示。在储水箱水位达到6700mm之前，由循环调节阀调节循环流量的大小来保持储水箱水位。储水箱水位在6700~7650mm，小溢流阀逐步开启，水位在7450~8160mm大溢流阀开启。大、小溢流阀的控制方案如图6-3-11所示。

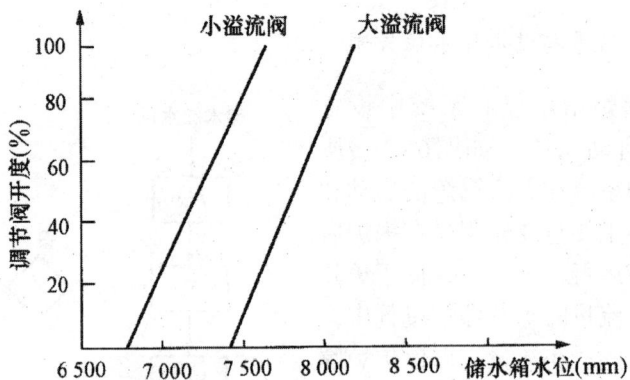

图6-3-10 溢流阀开度与水位关系

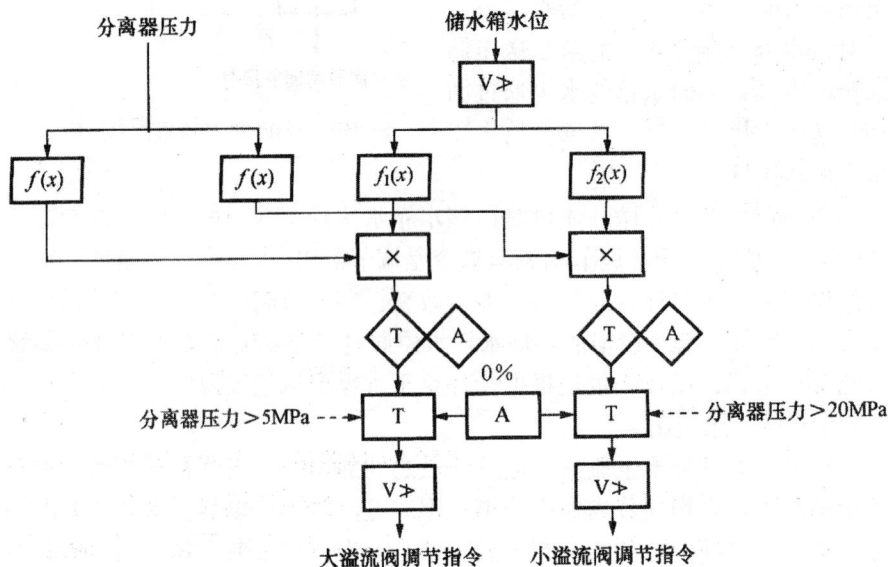

图6-3-11 大、小溢流阀控制方案

　　储水箱水位通过速率限制后送入发生函数器转换成相应的溢流阀开度，函数发生器$f_1(x)$、$f_2(x)$确定分离器溢流阀开度与储水箱水位之间的关系，水位送入函数发生器前先经过速率限制的目的是防止水位异常波动造成阀门开度突变。当阀门开度相同时，压力不同，对应的流量将不同。因此引入分离器储水箱压力信号对阀门开度进行校正，以满足不同压力时流量基本相同。储水箱水位因汽水膨胀现象会使水位波动，当膨胀现象发生时，水位有上升的趋势，这样会使溢流阀门开度增加，过后水位又会急剧下降，因而储水箱水位波动剧烈，储水箱水位波动剧烈会影响到循环流量，循环流量的波动又会影响给水泵给水流量的波动。为了避免水位的异常波动导致阀门开度频繁动作，所以对溢流阀门开度进行了速率限制，以防止水位波动。大溢流阀将在分离器压力大于5MPa时连锁关闭；当分离器压力大于20MPa时，小溢流阀被连锁关闭。

6.4 直流锅炉过热汽温控制系统

6.4.1 常规控制方式

直流锅炉采用喷水减温进行过热汽温细调的控制原理与汽包锅炉过热汽温控制原理基本相同。如图6-4-1和图6-4-2所示为常规的喷水减温控制方案。

图6-4-1所示系统为前馈一串级控制结构。二级减温器入口温度与二级减温器出口温要的温差信号作为系统主参数，主调节器PID1的输出加上经过动态校正环节$f_1(t)$后的燃烧器摆角指令和经过动态校正环节$f_2(t)$的总风量及蒸汽流量前馈信号后作为副调节器的PID2给定值，过热器一级减温器出口温度为系统的副参数。副调节器PID2的输出为一级减温水流量指令去调节一级喷水减温调节阀门开度，从而改变一级减温水流量。

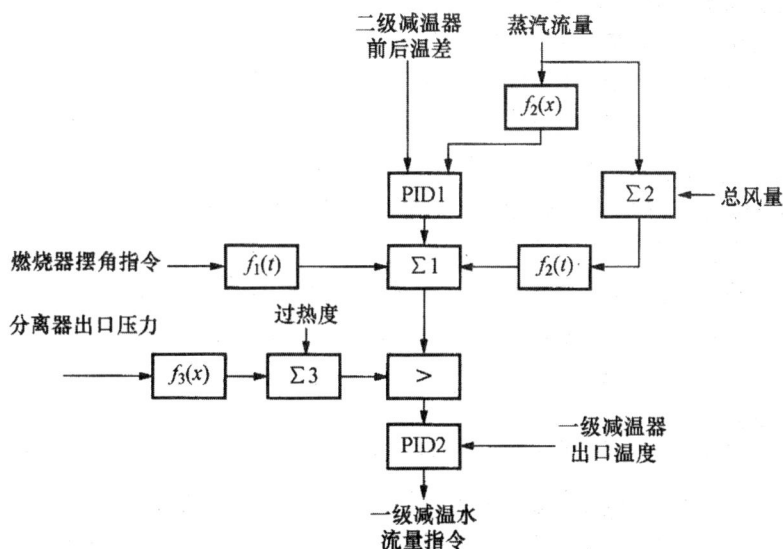

图6-4-1 一级喷水减温控制系统方案

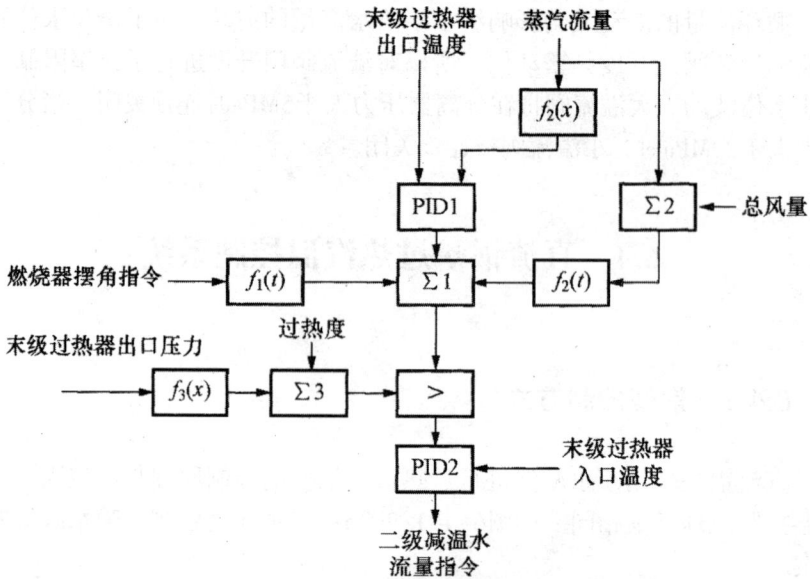

图6-4-2　二级喷水减温控制系统方案

采用二级减温器前后温差作为系统主参数进行控制，主要是因为机组二级减温器前的过热器为屏式过热器；二级减温器后的末级过热器为对流式过热器，这两种过热器的温度特性相反，如当负荷增加时，前者出口温度将下降，而后者出口温度则上升，若此时减少一级减温水流量将恶化二级喷水减温的调控能力，从而可导致末级过热器出口温度超温，因此主调节器PID1的任务就是维持二级减温器前后温差为蒸汽流量的函数$f_2(x)$，这样使二级减温器前后温差随负荷（蒸汽流量）而变化，这样可防止负荷增加时一级喷水量的减少和二级喷水量的大幅度增加，从而使一级和二级喷水量相差不大，保证了一、二级喷水减温控制系统的控温能力。有关温差控制的详细原理在前面章节中介绍过，在此不再赘述。

燃烧器摆角指令、蒸汽流量和总风量经动态校正处理后，作为前馈量加到主调节器的输出，其目的是考虑再热汽温调节的影响或负荷变化引起烟气侧热量扰动时，及时调整减温水流量，消除扰动对过热汽温的影响。

为了避免过多喷水，保证机组的经济性和安全性，由汽水分离器出口压力经函数$f_3(x)$计算出一级减温器出口饱和温度，再加上相应的过热度后作为一级喷水减温控制的最低温度限制值。当主调节器PID1的输出加上相应的前馈信号低于最低温度限制值后，由图中的大值选择器选择最低温度限制值作为副调节器的PID2给定值来控制一级减温器出口温度。

图6-4-2所示为二级喷水减温控制方案（又称末级过热蒸汽温度控制系

统）。该系统与一级喷水减温控制方案结构完全一样，为前馈一串级控制结构。末级过热器出口温度为主参数，主调节器PID1的输出；加上经过动态校正环节$f_1(t)$后的燃烧器摆角指令和经过动态校正环节$f_2(t)$的总风量及蒸汽流量前馈信号后作为副调节器的PID2给定值，末级过热器入口汽温为系统的副参数。副调节器的PID2的输出为二级减温水流量指令去调节二级喷水减温调节阀门开度，从而改变二级减温水流量。

为了防止末级过热器入口汽温过低而导致蒸汽带水，在二级喷水减温控制系统中设置了过热度保护。当主调节器PID1的输出加上相应的前馈信号低于保护值，由大值选择器选择保护值作为副调节器的PID2给定值控制末级过热器入口汽温，这样避免末级过热器入口蒸汽带水，影响机组安全运行。

燃烧器摆角指令、蒸汽流量和总风量等前馈信号的目的是为了当再热汽温调节或负荷变化引起烟气侧热量扰动时，及时调整减温水流量，进行消除扰动对过热汽温影响。

6.4.2　其他控制方式

目前直流锅炉的过热汽温控制中，采用了一种基于预测控制和自适应控制的控制方法，预测控制和自适应控制的原理将在第三篇详细介绍。在此仅结合过热汽温的控制，介绍工程上应用的控制系统。

图6-4-3所示为内模控制系统，它是针对图6-4-4所示单回路反馈控制存在的问题而提出的一种最基本的预测控制系统。图中$G(s)$和$G_c(s)$是对象和调节器的传递函数，Y、Y_{SP}和D分别为输出、设定值和不可测干扰。

图6-4-3所示中的$\widehat{G}(s)$是对象$G(s)$的数学模型，又称内部模型。由于引入了内部模型，反馈量已由原来的的输出全反馈变为扰动估计量的反馈，这对大滞后系统来说，能及时消除扰动对输出的影响。当模型$\widehat{G}(s)$不能精

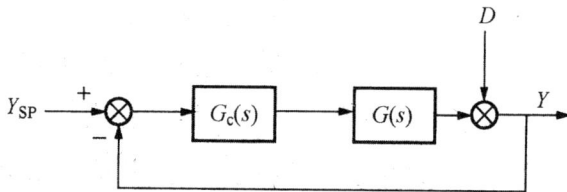

图6-4-3　内模控制系统

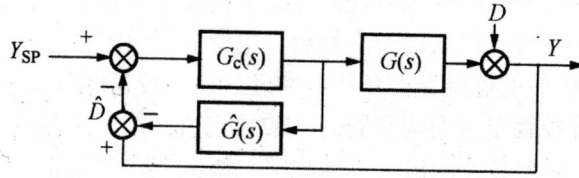

图6-4-4　单回路反馈控制系统

确地描述对象时，扰动估计量 $\hat{G}(s)$ 将包含模型失配的某些信息，也有利于系统鲁棒性的设计。

对于串级控制系统，内模控制系统可有如图6-4-5所示形式，$G_{c1}(s)$ 和 $G_{c2}(s)$ 分别为主调节器和副调节器，$G_1(s)$ 和 $G_2(s)$ 分别为主对象和副对象，$\hat{G}(s)$ 为主对象的数学模型。在工程上主调节器 $G_{c1}(s)$ 常采用比例控制，这样图6-4-5所示的串级控制系统的内模控制形式又可变为如图6-4-6所示的形式。

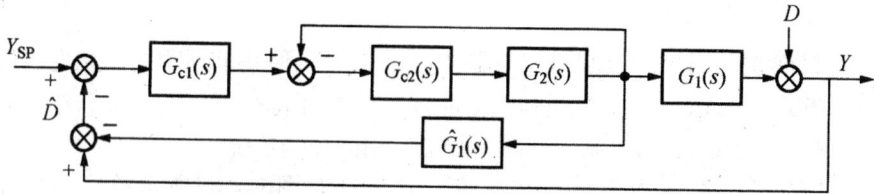

图6-4-5　串级控制系统的内模控制

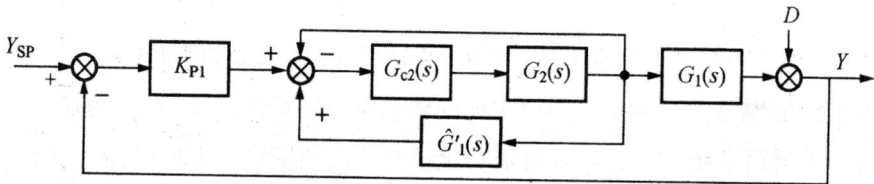

图6-4-6　一种内模控制形式

下面分析，在主调节器为比例控制、副调节器为比例积分控制时，是否能保证 $Y=Y_{SP}$。由图6-4-6所示可知

$$\frac{Y(s)}{Y_{SP}(s)} = \frac{K_{P1}G_{C2}(s)G_2(s)G_1(s)}{1 + K_{P1}G_{C2}(s)G_2(s)G_1(s) + G_{C2}(s)G_2(s) - G_{C2}(s)G_2(s)\hat{G}_1'(s)}$$

其中 $G_{c2}(s) = K_{P2}\left(1 + \dfrac{1}{T_{i2}s}\right)$。根据多数过程对象（如汽温特性）可设：

副对象为 $G_2(s) = \dfrac{K_2}{(T_2s+1)^{n_2}}$，主对象为 $G_1(s) = \dfrac{K_1}{(T_1s+1)^{n_1}}$，主对象内部模型为

$\widehat{G_1'}(s) = \dfrac{\widehat{K_1'}}{(\widehat{T_1}s+1)^{\widehat{n_1}}}$。

当给定值 Y_{SP} 为一定值 A 时，由上式得

$$y(\infty) = \lim_{s \to 0} s \frac{A}{s} \frac{K_{P1}G_{C2}(s)G_2(s)G_1(s)}{1 + K_{P1}G_{C2}(s)G_2(s)G_1(s) + G_{C2}(s)G_2(s) - G_{C2}(s)G_2(s)\widehat{G_1'}(s)}$$

将 $G_{C2}(s)$、$G_1(s)$、$G_2(s)$ 和 $\widehat{G_1'}(s)$ 的具体形式代入到上式中，得

$$y(\infty) = A \frac{K_{P1}K_{P2}K_2K_1}{K_{P1}K_{P2}K_2K_1 + K_{P2}K_2 - K_{P2}K_2\widehat{K_1'}}$$

要使 $y(\infty) = A$，则需 $\widehat{K_1'} = 1$，即内部模型 $\widehat{G_1}(s)$ 为的形式为 $\dfrac{1}{(\widehat{T_1}s+1)^{\widehat{n_1}}}$ 同样可以证明，对阶跃干扰 D，系统的控制静态误差为零。

基于上述思想，构成了如图6-4-7所示的超临界机组过热汽温控制方案。为了便于理解，图6-4-8所示同时给出了该控制系统的方框图。与图6-4-5所示控制系统不同之处在于：考虑到汽温对象（过热器）的时变特性，故对象数学模型中的时间常数、副调节器比例增益随负荷指令而改变。

在过热汽温控制系统，主参数为过热器出口温度，副参数为过热器入口温度，主参数的给定值由负荷指令经函数发生器 $f_2(x)$ 给出。

在图6-4-6所示中，虚线中的比例器 K_1、调节器PID2和时间函数发生器 $f_1(t)$、$f_2(t)$ 和 $f_3(t)$，构成了从过热器入口温度（导前汽温）到过热器出口温度这段汽温惰性区域的增益为1的对象数学模型，其形式为

$$\frac{1}{(T_{i2}s+1)(\widehat{T_1}s+1)^3}$$

考虑到汽温对象具有随负荷而变化的特性，故用负荷指令经函数发生器 $f_1(x)$ 改变调节器PID2中的积分时间 T_{i2}，从而改变了对象数学模型中的时间常数，实现了不同负荷下的汽温对象特性。

下面介绍为何用压力来调整主调节器比例参数 K。在喷水减温控制方式中，由于过热器出口温度的控制是通过改变过热器入口温度来实现的。汽

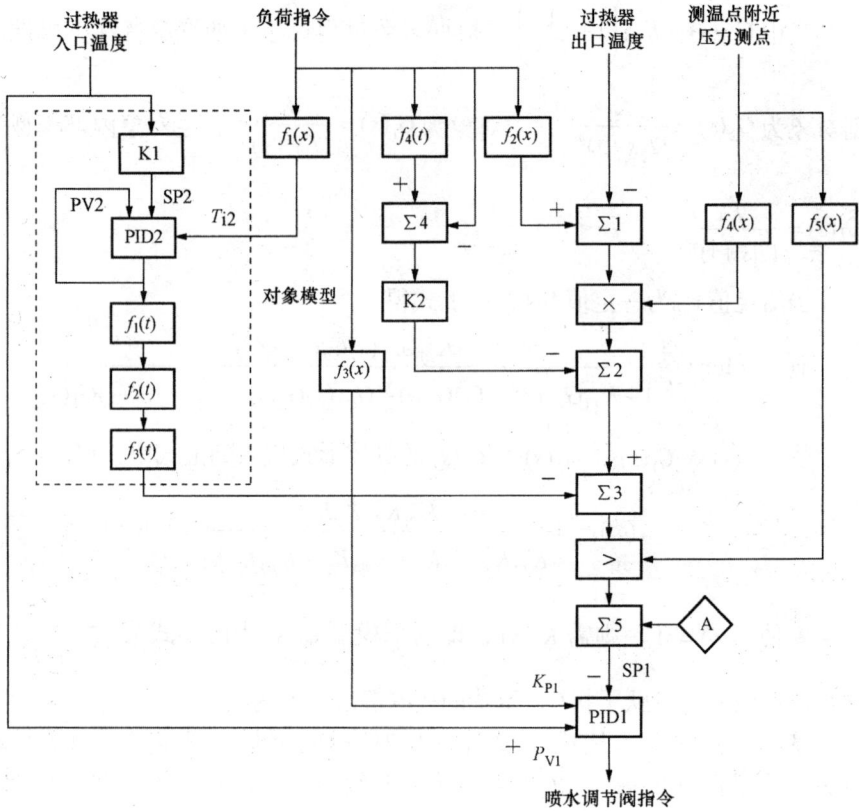

图6-4-7　过热汽温控制方案

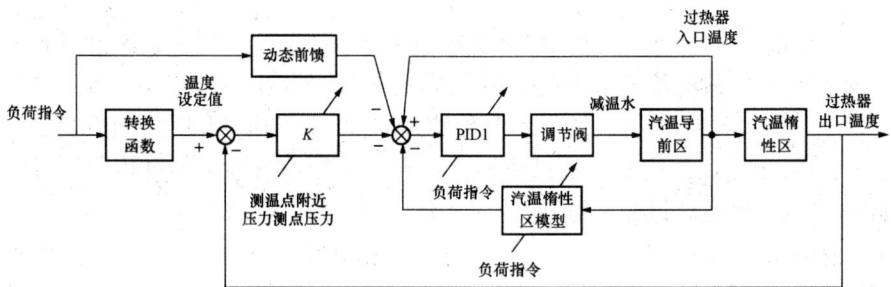

图6-4-8　温控系统方框原理图

温惰性区域对象静态增益K_1为过热器出口温度变化量ΔT_{out}与过热器入口温度变化量ΔT_{in}之比，故

$$K_1 = \frac{\Delta T_{out}}{\Delta T_{in}} = \frac{\Delta q_{\text{sup}} c_{in}}{\Delta q_{in} c_{out}} = \frac{(\Delta q_{in} + \Delta q) c_{in}}{\Delta q_{in} c_{out}} = (1 + \frac{\Delta q}{\Delta q_{in}}) \frac{c_{in}}{c_{out}}$$

式中：Δq_{sup}、Δq_{in} 和 Δq 分别为过热器出口蒸汽吸收热量变化值、过热器入口蒸汽吸收热量变化值和蒸汽经过过热器后吸收热量的增加值；c_{out}、c_{in} 分别为过热器出口蒸汽比热容和过热器入口蒸汽比热容。

由此可见，过热器入口蒸汽比热容和出口蒸汽比热容的比值 c_{in}/c_{ou} 是影响汽温惯性区域对象静态增益 K_1 变化的重要因素之一，这影响与压力有关，为了减少对象静态增益变化对控制性能指标的影响，故通过测点压力经函数发生器 $f_4(x)$ 来修正主调节器比例参数 K。

对于二级喷水减温控制中，第一级喷水减温控制系统中，测点压力信号为储水箱压力，系统的主参数为屏式过热器出口温度（二级减温器入口汽温），副参数为屏式过热器入口温度（一级减温器出口汽温）。第二级喷水减温控制系统中，测点压力信号为末级过热器出口压力，系统的主参数为末级过热器出口温度，副参数为末级过热器入口温度（二级减温器出口汽温）。

6.5 超临界机组协调控制系统

超临界机组协调控制系统是由负荷指令处理回路和机炉主控制器两部分组成。其中超临界机组的负荷指令处理回路与亚临界机组负荷指令处理回路的功能基本相同，而两种机组的机炉主控制器会有所不同，主要体现在当机组为协调控制方式时，由于超临界机组呈现很强的非线性特性和变参数特性，因此超临界机组的协调控制方式与亚临界机组的协调控制方式会有所不同。

下面通过分析一个600MW超临界机组协调控制系统来理解超临界机组协调控制系统与亚临界机组协调控制系统的相同与不同之处。

6.5.1 负荷指令处理回路

1. 回路分析

图6-5-1所示为600MW超临界机组协调控制系统的负荷指令处理回路，其主要功能为目标负荷指令的选择、机组最大/最小负荷设定、负荷指

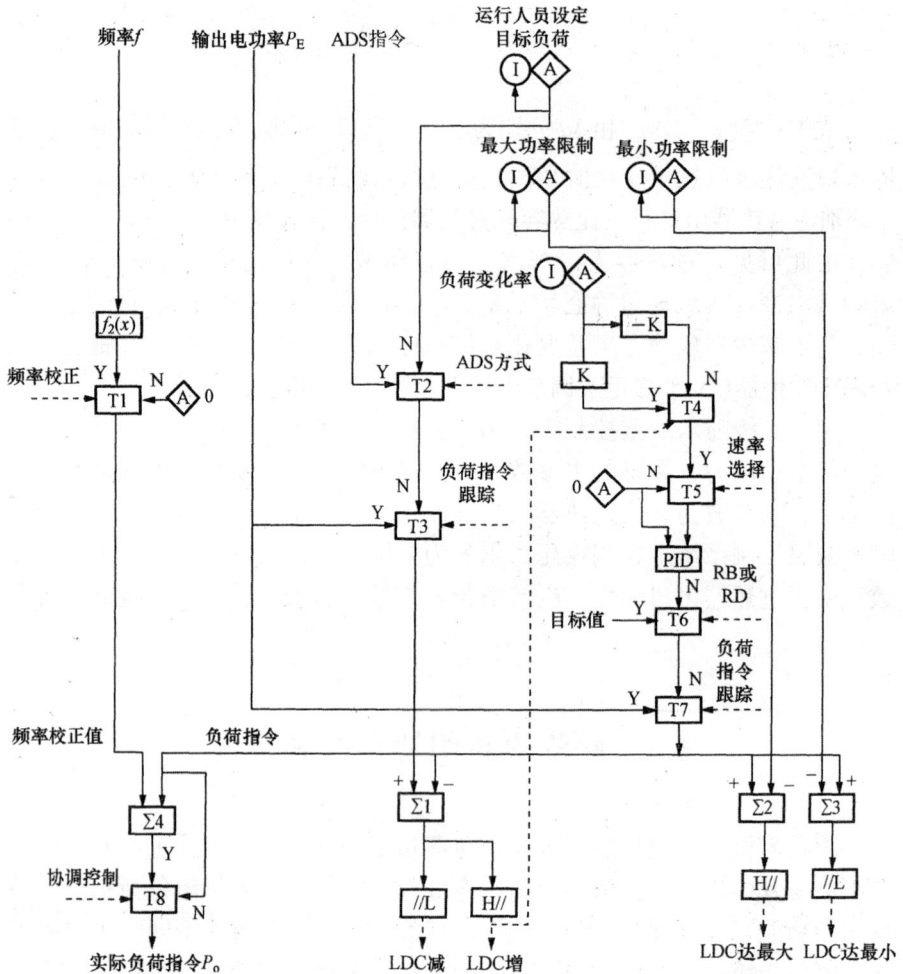

图6-5-1 负荷指令处理回路

令变化速率限制、负荷指令的返回（RB）与迫降（RD）和频率校正。

（1）目标负荷的选择。外部负荷指令有三种：ADS指令、运行人员手动设定目标负荷指令和电网频率。目标负荷的选择由切换器T2实现。ADS方式逻辑信号为"1"时，切换器T2的Y端通，选择ADS指令为目标负荷。ADS方式逻辑信号为"0"时，切换器T2的N端通，选择运行人员设定的目标负荷。

（2）负荷指令的形成。

①ADS方式。切换器T2选择ADS指令为目标负荷，ADS指令在加法器Σ1与负荷指令进行比较。

当ADS指令>负荷指令时，LDC增逻辑信号为"1"，使切换器T4接通Y端，正的负荷变化率经切换开关T4、T5作用到PID环节的输入端与0比较，此处PID设为积分作用，所以PID环节输出信号与负荷变化率成正比，即负荷指令不断增加，直到与ADS指令相等。此时切换开关T6、T7都处于非动作状态。

当ADS指令<负荷指令时，LDC增逻辑信号为"0"，使切换器T4接通N端，负的负荷变化率经切换器T4、T5作用到PID环节的输入端，此时PID环节输出信号与负荷变化率成反比，负荷指令不断减小，直到与ADS指令相等。

②运行人员手动方式。当机组运行方式为运行人员手动方式时，切换器T2输出运行人员手动设定的目标负荷，目标负荷的形成过程则与ADS方式相同。

③机组最大/最小负荷设定。

在回路中手动设定机组最大/最小负荷限值，它们分别在加法器$\Sigma 2$和$\Sigma 3$与负荷指令进行比较，当负荷指令大于机组最大负荷限值时，LDC达最大逻辑信号为"1"；当负荷指令小于机组最小负荷限值时，LDC达最小逻辑信号为"1"。这些逻辑信号使得速率选择逻辑信号为"0"，切换器T5接通N端，这样输入到PID环节的信号为0，从而使PID环节输出信号保持不变，限制了机组负荷指令的变化。速率选择逻辑信号构成如图6-5-2所示。

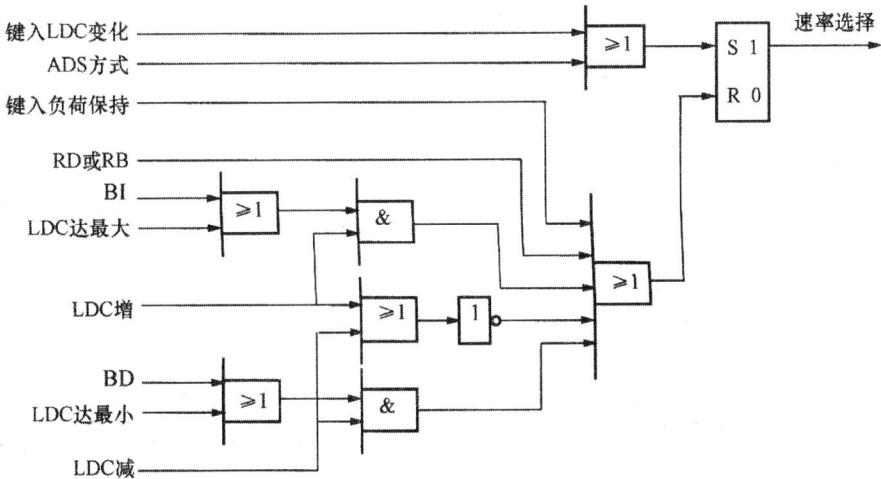

图6-5-2　速率选择逻辑信号

（4）负荷指令的负荷返回（RB）与负荷迫降（RD）。

当RB或RD逻辑信号为"1"时，切换器T6动作，将RB或RD的目标值通过T6作用到切换器T7，使得负荷指令为RB或RD的目标值。若此时机组处于ADS方式运行，则由图6-5-3所示可知，通过逻辑回路使机组退出ADS方式，且通过速率选择逻辑信号使切换器T5的N端接通，停止PID环节的积分运算，PID输出保持在当前值。

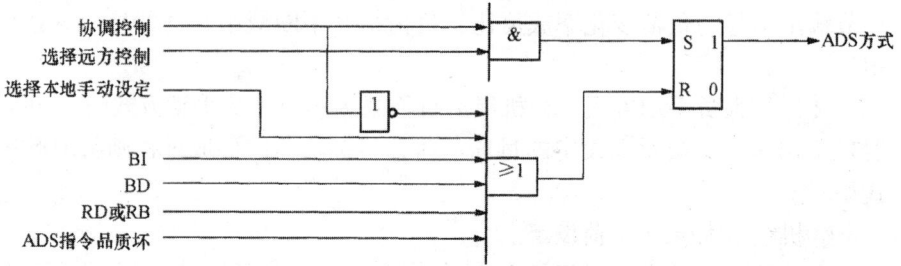

图6-5-3　ADS逻辑信号构成

（5）频率校正。

在图6-5-1所示中，频率校正回路函数发生器发$f_2(x)$和切换器T1等组成。频率校正值为T1的输出值，频率校正功能的切换取决于频率校正逻辑信号，当该信号为"1"时，频率校正功能投入，当该信号为"0"时，T1输出为0，频率校正功能切除。

频率校正逻辑信号在协调控制方式下（协调控制逻辑信号为"1"）；同时频率信号正常条件下，由运行人员选择频率校正时，频率校正逻辑信号为"1"。

函数发生器的一次调频特性曲线如图6-5-4所示，通过这一函数发生器，我们能够看出是由它来规定调频范围及调频特性的，其中，对于特性的分析，我们可以分解为死区—线性—限幅三部分。在函数发生器中来看，当频率较小是，位于死区所规定的范围，函数发生器输出为零，显然，这能够避免机组输出电功率的不稳定。

此外，在机组为协调控制方式

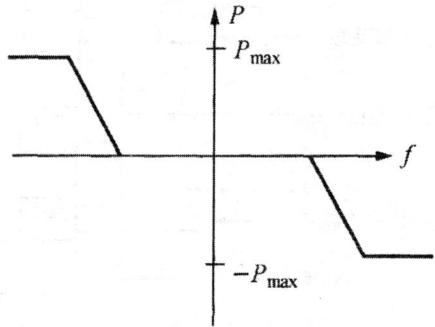

图6-5-4　一次调频特性曲线

下，频率校正值与负荷指令相加后构成实际负荷指令P_0。只有当机组为协调控制方式时，机组才参加一次调频。在其他方式下，负荷指令即为实际负荷指令P_0。

2. 主要控制逻辑

负荷指令处理回路中的逻辑功能设计主要是管理，如图6-5-1所示中的切换器T1~T8的状态，它涉及运行方式、事故或故障下的保护等。

（1）机组负荷遥控逻辑。

在机组协调控制方式（CCS方式，机、炉主控器都处于自动）时，中调遥控送来ADS请求信号，此时运行人员通过显示屏上按钮选择将机组投入远方控制指令后，机组进入"遥控"方式，这时ADS方式逻辑信号为"1"。ADS方式逻辑信号构成图6-5-3所示。当发生下列任一情况：机组非协调控制方式、运行人员选择本地手动负荷设定方式、发生BI或BD、ADS指令品质坏、发生RB或RD。这时ADS方式逻辑信号为"0"，机组退出"遥控"方式，切到运行人员手动负荷设定方式。

（2）RB/RD逻辑。

RB指令在降负荷的同时，还送信号到FSSS去切除部分燃料。机组在下列情况之一出现时，产生负荷返回指令。

①2台磨煤机跳闸。

②3台磨煤机跳闸。

③空气预热器单侧运行。

④1台一次风机跳闸。

⑤1台送风机跳闸。

⑥1台引风机跳闸。

⑦1台汽动给水泵跳闸，电动给水泵未联启。

⑧1台汽动给水泵跳闸，电动给水泵联启。

由于辅机故障对机组出力影响程度的差别，图6-5-5所示给出了各种RB的目标值。该机组只设计RD功能，没有设计RU功能。具体考虑以下几种情况RD负荷指令。

①燃料RD：燃料主控输出已达最大，而燃料量小于指令一定限值；

②给水RD：给水泵指令达最大，而给水流量小于指令一定限值；

③送风RD：送风机指令达最大，而空气量小于指令一定限值；

④引风RD：引风机指令达最大，而炉膛压力高于指令一定限值；

⑤一次风RD：一次风机指令在最大，而风压小于指令一定限值。

实际负荷指令

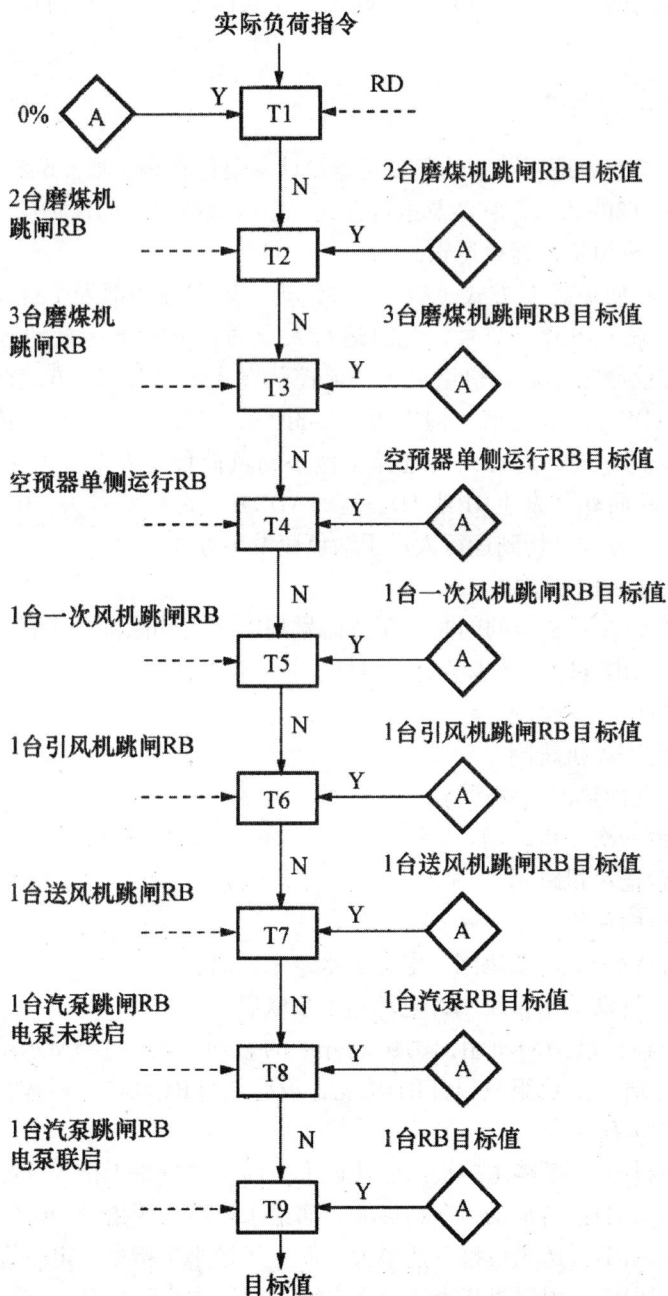

图6-5-5　RB或RD目标值生成

（3）BI/BD逻辑。

当发生某个信号闭锁时，闭锁信号通过逻辑回路将图6-5-2所示中的速率选择信号置为"0"，从而使得负荷指令不再改变，同时通过图6-5-3所示使ADS方式逻辑信号为"0"，机组退出ADS方式。

闭锁增BI的项目：

①负荷BI：荷指令达到运行人员设定的负荷最大值。

②给水泵BI：给水泵输出指令达到高限，或给水流量小于给水指令一定限值。

③送风机BI：送风机输出指令达到高限，或风量小于风量指令一定限值。

④引风机BI：引风机输出指令达到高限，或炉膛压力高于设定值一定限值。

⑤一次风机BI：一次风机输出指令达到高限，或一次风压小于设定值一定限值。

⑥燃料BI：燃料指令达到高限，或燃料量小于燃料指令一定限值。

闭锁减BD的项目：

①负荷BD：负荷指令达到运行人员设定的负荷最小值。

②给水泵BD：给水泵输出指令达到低限，或给水流量大于给水指令一定限值。

③送风机BD：送风机输出指令达到低限，或风量大于风量指令一定限值。

④引风机BD：引风机输出指令达到低限，或炉膛压力低于设定值一定限值。

⑤一次风机BD：一次风机输出指令达到低限，或一次风压力高于设定值一定限值。

⑥燃料BD：燃料指令达到低限，或燃料量大于燃料指令一定限值。

（4）负荷指令的跟踪逻辑。

按单元机组协调控制系统的基本功能要求，机组设有基本方式（即手动方式，BASE）、锅炉跟随方式（BF）、汽轮机跟随方式（TF）和协调控制方式（CC）四种运行方式。首先，它们可以分为两类不同的控制方式，协词控制方式为功率可控方式，而其他三种为功率不可控方式。在运用中，在非功率可控方式下时，机组运行所呈现出的负荷指令为跟踪状态，从而更加便利的实现切换。

在图6-5-1所示中切换器T3、T7管理负荷指令作用，当机组为基本方式、锅炉跟随方式或汽轮机跟随方式中任一运行方式时，负荷指令跟踪逻辑信号为"1"时，T3、T7的输出信号将输出电功率，此时，负荷指令跟踪输出电功率。

6.5.2　主蒸汽压设定值

图6-5-6所示为主蒸汽压力设定点回路，该图中的相应逻辑切换信号构成如图6-5-7所示。

1. 足压方式下的压力设定

定压方式下的主蒸汽压力设定值的运算回路如图6-5-6右侧所示。它将一个阶跃的给定压力目标值P$_s$变为机组能够接受的斜坡信号。

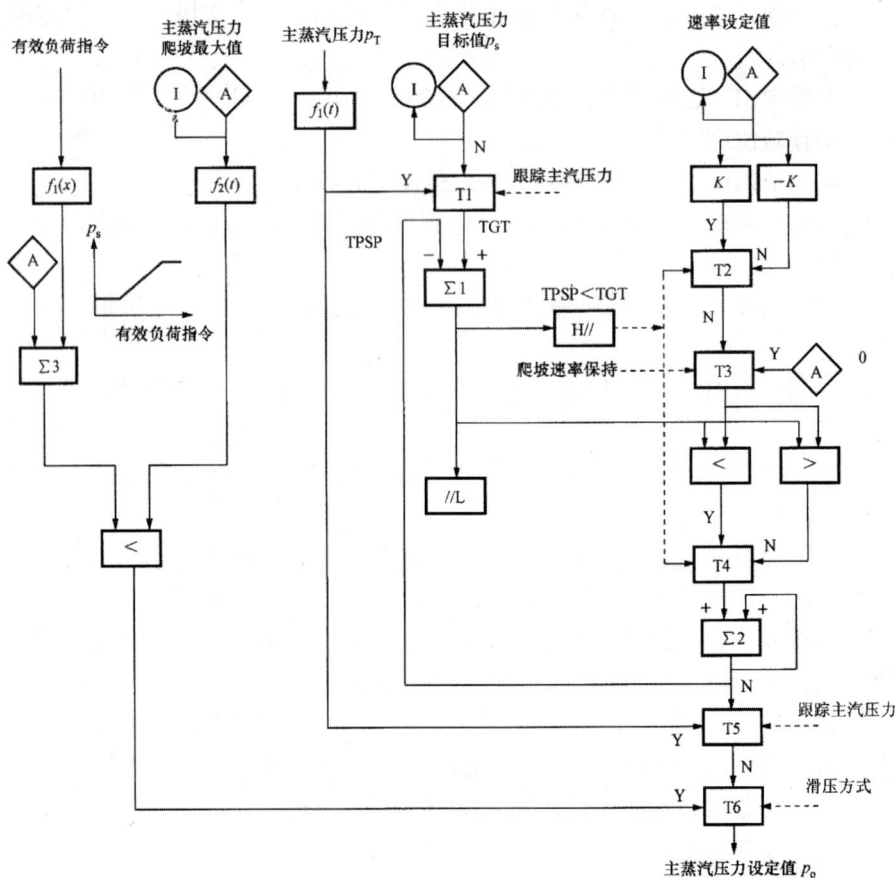

图6-5-6　主蒸汽压力设定回路

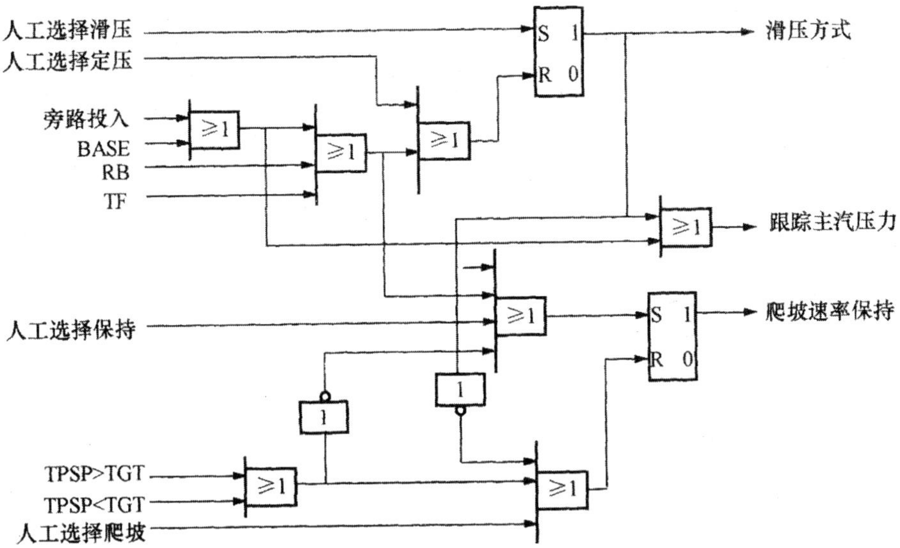

图6-5-7　有关切换逻辑信号

　　任何工作方式（BSSE、BF、TF、CC）均可选择定压方式。在定压方式下，切换器T6动作条件为滑压方式，逻辑信号为"0"，此时切换器T6的N端接通。

　　在定压运行时，若为基础方式或旁路投入，跟踪主汽压力逻辑信号为"1"，此时则切换器T5的Y端接通，此时压力设定值P_0均跟踪主蒸汽压力的实际测量值PT，目的由基础方式或旁路投入方式向其他方式转换时实现无扰切换。其他方式时，P_0均跟踪压力目标值P_s。

　　整个定压方式下的工作原理同负荷指令处理回路有些类似，不同的是用大值选择器和小值选择器替代了PID模块。当BF、TF、CC运行时，加法器∑1将TGT（主蒸汽压力目标值）与TPSP（主蒸汽压力设定值）进行比较。当TGT>TPSP时，选择器T2和T4的Y端导通。爬坡速率乘以一个K，再与TGT-TPSP的值比较，选择一个较小的数值作为加法器∑2的输入，与∑2原来的输出值叠加得到新的TPSP，使TPSP逐渐增大，再返回到加法器∑1与目标TGT比较，直至TGT与TPSP相等。当TGT<TPSP时，选择器T2和T4的N端导通。爬坡速率乘以-K，再与TGT-TPSP的值比较，选择一个较大的数值作为加法器∑2的输入，与∑2原来的输出值叠加得到新的TPSP，使TPSP逐渐减小，再返回到加法器∑1与TGT比较，直至TGT与TPSP相等。最终使设定值TPSP逐渐趋近目标值TGT。

2. 滑压方式下的压力设定

滑压方式下的主蒸汽压力设定值的运算回路如图6-5-6左侧所示。此时，切换器T6的控制逻辑滑压方式为"0"，切换器T6的Y端接通，机组处于滑压控制方式。由图6-5-6所示可以看出，该运算回路的输出由小值选择器的输出来决定，其中小值选择器右侧的输入值（即主汽压力爬坡最大压力）是用来限制压力最大值的。小值选择器左侧的值来自加法器$\sum 3$，$\sum 3$的值由两方面来决定：一个是函数发生器$f_1(x)$的输出Ps，Ps是由有效负荷指令确定的主蒸汽压力设定值，压力与负荷之间的转换关系由函数发生器$f_1(x)$，其关系如图6-5-6左边的函数曲线所示。另一个是手动设定偏置，以实现人为调整压力设定值。

主汽压力爬坡最大值用于限制Ps的最大值，主要用于机组启、停过程中的升压、降压，也可用于正常运行情况下对$f_1(x)$特性的修正。图中的两个时间函数发生器$f_1(t)$、$f_2(t)$均为惯性环节，起缓冲作用。

由图6-5-7可知，当机组运行在协调或锅炉跟随时，由人工选择进入滑压方式。当满足人工选择定压、进入基本方式、发生RB、旁路投入或进入汽轮机跟随方式中的任一条件时，机组退出滑压方式。

6.5.3 机炉主控制器

在单元机组协调控制系统的设计中，各方面的设计都是为其功能服务，其中，为保证机组的完全运行，对于控制方式的设计就比较多样，这样的设计能够保证在锅炉侧出现故障时，应能自动的无扰动能够顺利切换。本机组设有四种控制方式，分别是：基本方式（BSSE）、锅炉跟随（BF）、汽轮机跟随（TF）和协调控制（CC）。负荷控制方式的切换与汽轮机、锅炉主控的投运状态有关，见表6-5-1。

表6-5-1 负荷控制方式与汽轮机、锅炉主控的投运关系

锅炉主控状态	汽轮机主控状态	负荷控制方式	调频功能
手动	手动	基本方式	无
自动	手动	锅炉跟随	无
手动	自动	汽轮机跟随	无
自动	自动	协调控制	有

1. 协调控制方式

锅炉主控制器和汽轮机主控制器分别如图6-5-8和图6-5-10所示。当汽轮机主控制器和锅炉主控制器都投自动时，机组负荷控制方式是协调控制。锅炉主控制器的主要任务是调节主蒸汽压力，由调节器CC/BF PID来完成；汽轮机主控制器主要任务是调节机组功率，同时兼顾压力的调节，由调节器CC PID来完成。

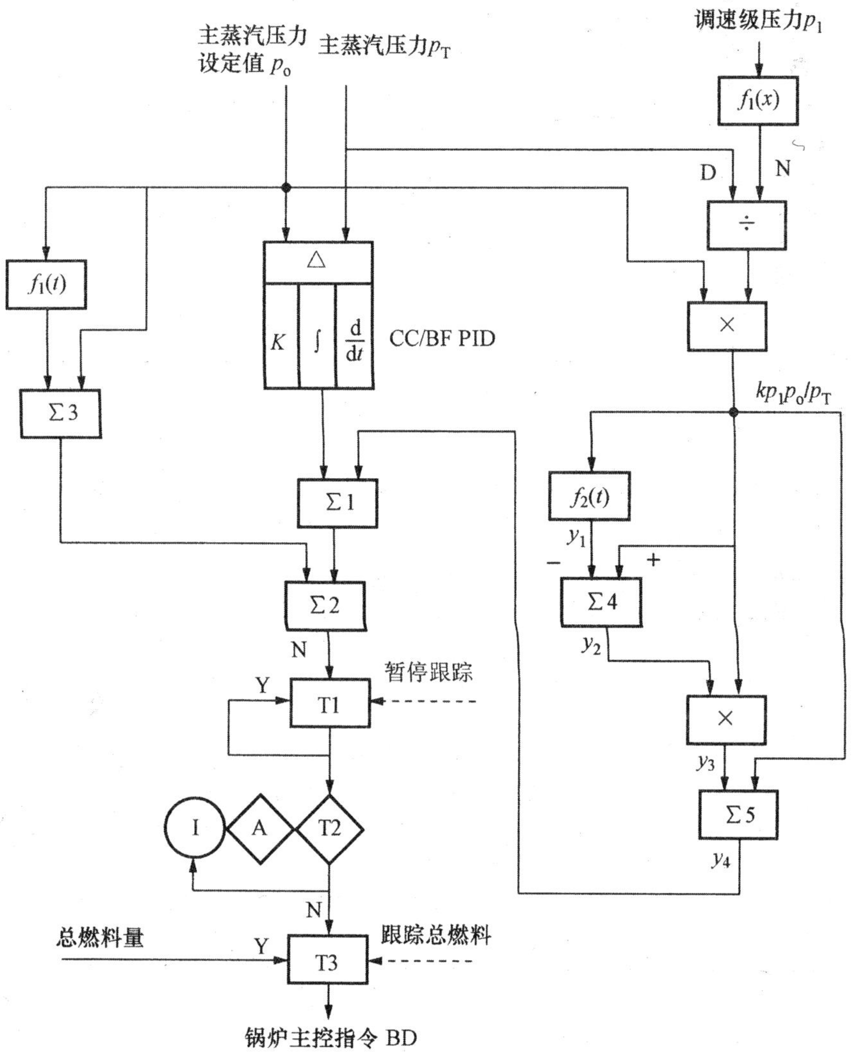

图6-5-8　锅炉主控制器

（1）锅炉主控制器。

锅炉主控制器的主要任务是维持主蒸汽压力P_T等于设定值P_0，同时为了加强锅炉侧的负荷响应引入前馈控制。反馈调节器CC/BF PID接收的是主蒸汽压力P_T与设定值P_0信号，对它们之间的偏差进行控制运算后，调节器CC/BF PID输出通过加法器$\Sigma 1$和$\Sigma 2$，使锅炉主控指令值BD发生变化，从而使主蒸汽压力P_T发生变化。由于调节器CC/BF PID采用PI控制规律，所以可以达到压力的无差调节。

引入两个前馈信号，其所起到的作用主要是为了改善锅炉系统的迟延和惯性，因为其数值较大，所以为了加强锅炉侧的响应速度，并且能够在一定程度上补偿锅炉的惯性，所以需要更改。

其中，一个前馈信号为能量平衡信号kp_1p_0/p_T，该信号反映了汽轮机对锅炉的能量需求。由时间函数发生器$f_2(t)$、加法器$\Sigma 4$、加法器$\Sigma 5$和乘法器构成的动态校正环节对kp_1p_0/p_T前馈信号进行动态校正，其动态校正效果如图6-5-9所示，经过动态校正后的前馈信号再送到加法器$\Sigma 1$。另一个是将主蒸汽压力设定值p_0作为前馈信号，该前馈信号经过时间函数发生器$f_1(t)$和加法器$\Sigma 3$构成的超前校正环节后送到加法器$\Sigma 2$。此路前馈信号的目的是为了加强锅炉侧的压力响应速度，补偿锅炉的惯性，起到改善锅炉调节品质的作用。

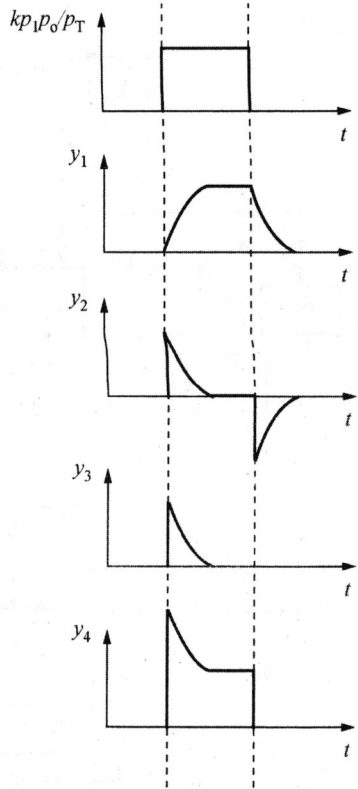

图6-5-9　动态校正

锅炉主控制器切手动条件为：

①汽轮机跳闸。

②主燃料跳闸。

③速度级压力变送器故障。

④主汽压力变送器故障。

⑤两台送风机均手动。

⑥燃料调节系统煤主控和油主控均手动。

⑦锅炉侧RUNBACK。

⑧锅炉跟随时，压力偏差大。

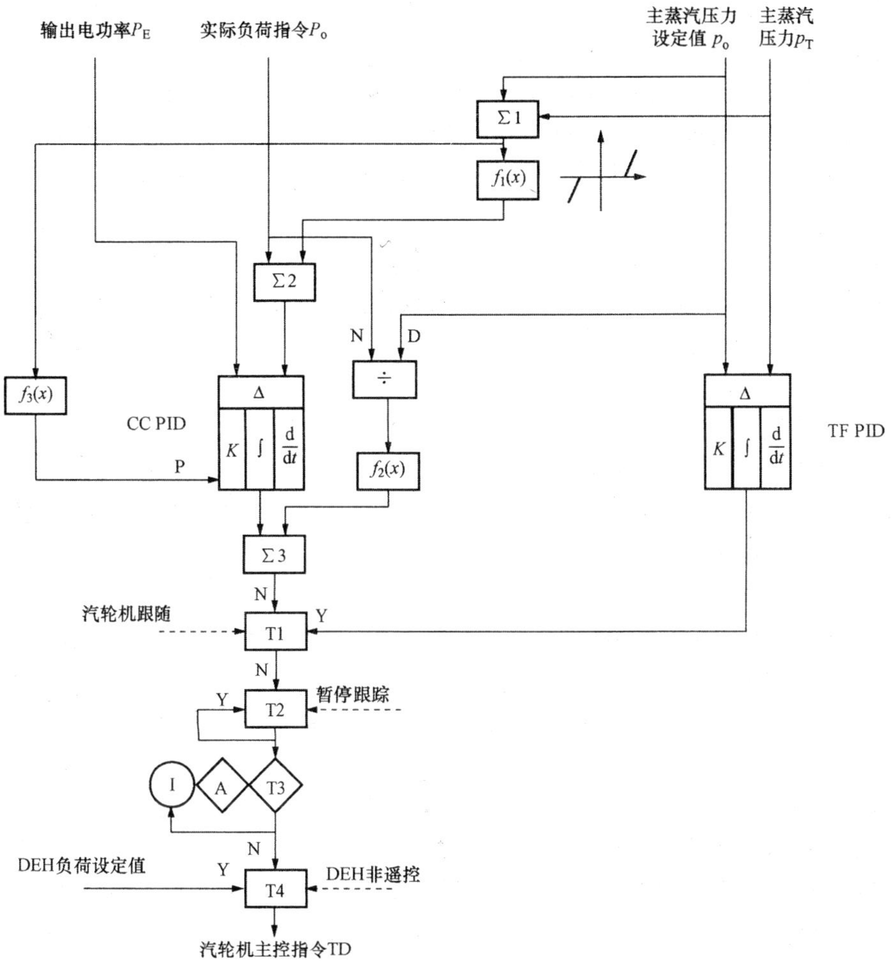

图6-5-10　汽轮机主控制器

⑨协调时，功率偏差大。

⑩人工选择手动。

⑪锅炉跟随时，速度级压力高。

⑫协调控制时，人工选择汽轮机跟随。

⑬锅炉跟随时，人工选择基础控制。

（2）汽轮机主控制器。

汽轮机主控制器的主要任务是调节机组输出电功率P_E，使其等于实际负荷指令P_0，同时兼顾压力的调节。

反馈调节由调节器CC PID来完成，当输出电功率P_E不等于其设定值时，调节器输出将变化，从而改变汽轮机主控指令值TD，该指令送往DEH，通过调节汽轮机进汽门的开度来调机组输出电功率，最终使其等于设定值。

机组设置了压力偏差拉回功能，主要是为了改善锅炉惯性大，负荷应变较慢的问题。也就是功率设定值的形成由加法器$\sum 2$的输出来决定，加法器$\sum 2$的输入除了实际负荷指令P_0外，另一个输入来自于压力偏差。主蒸汽压力P_T与设定值P_0的偏差（即加法器$\sum 1$的输出）经函数器$f_1(x)$修正后，引入到加法器$\sum 2$，目的是让机侧在调功率的同时兼顾主蒸汽压力的稳定。

此外，在协调控制时，汽轮机主控制器中也引入前馈控制，前馈信号是来自函数器$f_2(x)$的功率前馈。调节器CC PID将功率偏差进行运算处理，其输出在加法器$\sum 3$中与功率前馈信号叠加。在这一控制中，其主要意义体现在加入功率前馈，这样做能够克服中间再热机组在汽轮机进汽阀门动作时功率响应的惯性，换句话说，也就是使P_0作为前馈信号，从而进一步的改善机组的负荷适应能力。

在整个过程中，由于超临界机组没有汽包的缓冲，因此超临界锅炉动态特性所受到的影响就较大，这主要是比锅筒式锅炉，它所体现出的受末端阻力的影响程度，因此，对于主汽阀门开度来说，一方面不仅能够控制汽轮机功率；另一方面也对锅炉的被控特性造成影响。

对采用直流锅炉的超临界机组而言，由于锅炉的蓄热相对较小难以满足汽轮机的需求，因此，如果不采取有效措施的话，会使主汽压力大幅度变化，这对机组安全经济运行是不利的。所以除了上述的压力偏差拉回措施外，本机组还设计了根据压力偏差来调整调节器CC PID的控制强度。即压力偏差经函数器$f_3(x)$来改变调节器CC PID的比例增益，当压力偏差大时适当地减小比例增益以期达到减小压力波动的目的。

汽轮机主控制器切手动条件为：

①汽轮机跳闸。

②主燃料跳闸。

③主汽压力变送器故障。

④电气功率测量信号坏。

⑤汽轮机侧RUNBACK。

⑥启动旁路。

⑦汽轮机阀位偏差大。

⑧汽轮机DEH不在遥控。

⑨协调时，功率偏差大。

⑩汽轮机跟随时，压力偏差大。

⑪协调时，人工选择锅炉跟随。

⑫汽轮机跟随时，人工选择基础控制。

⑬人工选择手动。

2. 锅炉跟随方式

当锅炉主控制器投自动，汽轮机主控制器为手动时，就是锅炉跟随控制方式，该方式是协调控制系统在汽轮机侧局部故障或受限制工况下的一种辅助运行方式。因为机侧有故障，所以机组负荷只能由机侧手动来决定，因此锅炉跟随的基本模式是炉侧自动调压力，机侧手动调功率。

锅炉主控制器：调节主蒸汽压力任务由同一调节器CC/BF PID来完成，其控制策略与协调控制方式时的完全一样，在此不重述。

汽轮机主控制器：在BF方式下，机组负荷由机侧手动调节，调节方式有两种。

（1）汽轮机主控操作器上直接手动调节，手动改变汽轮机主控指令TD直接调节汽轮机调门开度。在这种方式时，手/自动的无扰切换是通过M/A站来实现的。

（2）当DEH在"本机"方式，在DEH上手动改变机组负荷，即当DEH运行在自动方式时，DEH的目标负荷由运行人员手动给出。此时，汽轮机主控指令TD通过切换器T4跟踪汽轮机负荷参考值，以便DEH由"本机"切至"遥控"时无扰。

3. 汽轮机跟随方式

当汽轮机主控制器投自动，锅炉主控制器为手动时，就是汽轮机跟随方式。该方式是协调控制系统在锅炉侧局部故障或受限制工况下的一种辅助运行方式。因为炉侧有故障，所以机组负荷只能由炉侧手动来决定，因此汽轮机跟随的基本模式是机侧自动调压力，炉侧手动调功率。

锅炉主控制器：在TF方式下，机组负荷由炉侧手动调节，调节方式有两种。

（1）在锅炉主控操作器上直接手动调节，采用这种方式时，手/自动的无扰切换是通过M/A站来实现的。

（2）在锅炉的燃烧子系统上，通过一定的方式，直接调整燃料量，如果选择的是燃烧子系统手动，那么在实验中，就是锅炉主控指令BD通过切换器T3跟踪主燃料量，这样的方式能够帮助燃料在手动切换至炉主控控制时无扰。

汽轮机主控制器：在TF方式下，汽轮机主控制器的主要任务是维持主蒸汽压力P_T等于设定值P_0。具体由调节器TF PID来完成，当压力不等于设定值时，通过调节器TF PID运算输出控制指令至DEH，通过调汽轮机进汽阀门来改变主蒸汽压力衍，最终使其等于设定值。因为有积分作用，所以可以达到压力的无差调节。

4. 基本方式

汽轮机主控制器和锅炉主控制器都投手动，则为基本方式。当汽轮机和锅炉侧都出现故障或控制回路尚未完成调试整定时，系统处于手动方式。在手动方式下，机侧汽轮机主控手动或DEH"本机"手操，炉侧锅炉主控手动或锅炉各子系统手动。

第7章　循环流化床锅炉及其控制

在低碳环保的形势下，循环流化床锅炉是首选的高效低污染燃烧设备。它是一种新型清洁燃烧设备，优点主要有脱硫效率高、低污染、燃料适应性广、燃烧热强度大、燃烧效率高、床内传热系数高、炉膛体积小和负荷调节性能好。其特点是燃料和脱硫剂在炉膛内多次循环，反复地进行低温燃烧和脱硫反应，有效地提高了燃烧效率和脱硫效率。

7.1　循环流化床锅炉及控制系统

7.1.1　循环流化床锅炉

在流化床燃烧中，燃料被破碎到一定程度，然后与脱硫剂一同被置于炉膛底部的布风板上。燃烧所需的空气从布风板下送入。当风速较低时，燃料层固定不动，表现为层燃的特点。当风速增加到一定值，布风板上的燃料颗粒将被气流"托起"悬浮在炉膛中燃烧，从而使整个燃料层具有类似流体沸腾的特性，从而形成炉内的物料循环，叫做内循环。为了将这些煤粒子燃尽，可通过回料装置将它们送回并混入流化床继续燃烧，该过程叫做物料的外循环。在内循环和外循环共同作用下，使物料在炉内充分的燃烧。

流化床锅炉的烟气脱硫不像煤粉锅炉，不需要专门的脱硫设备。它是在煤的燃烧过程中加入一定量的石灰石（$CaCO_3$），通过炉膛中的燃烧反应达到脱硫目的。经过脱硫反应后的固体生成物随灰渣通过排渣系统排出炉膛。由于脱硫最佳温度是850℃~870℃，因此循环流化床锅炉的床温一般控制在850℃~950℃。

循环流化床锅炉系统示意图如图7-1-1所示，它主要由炉膛、物料循环系统、底渣排放及输渣系统、辅助系统等组成。

循环流化床锅炉的炉膛通常为立方形结构。炉膛四周由水冷壁围成，其下部的炉箅被称为布风板。布风板的主要作用有：①支撑静止的炉内物料；②给通过布风板的气流以一定的阻力，使在布风板上具有均匀的气流分布，从而达到合理分配一次风的目的，使物料达到良好的流化状态；③以布风板对气流产生的一定阻力，进而维持流化床层的稳定。

循环流化床锅炉的炉膛以二次风口为界，下部为密相还原燃烧区，上部为稀相氧化燃烧区。还原燃烧区内布置有燃料、石灰石、循环灰进口。有的锅炉会在其燃烧室上部布置过热器和再热器等受热面。

循环灰分离器通常采用高温旋风分离器，它由进气管、筒体、排气管、圆锥管组成。当烟气携带物料以一定的速度沿切线方向进入分离器，在内部做旋转运动。

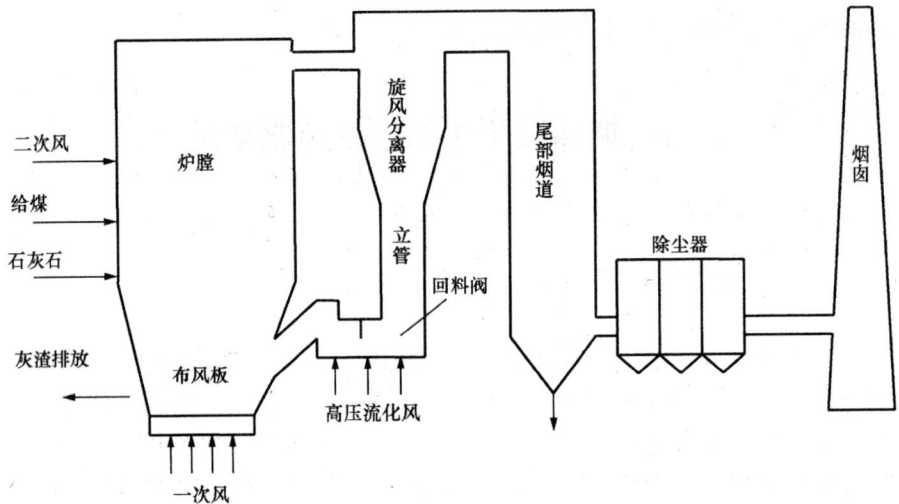

图7-1-1 循环流化床锅炉系统示意图

飞灰回送系统又称返料装置，它的正常运行对燃烧过程的可控性、锅炉的负荷调节性能起决定性作用。返料装置的功能是将循环灰分离器分离下来的高温固体颗粒连续稳定的送回至炉膛内，同时还要防止炉膛内压力较高的烟气反窜入分离器。

返料装置通常包括立管和回料阀。立管是分离器和回料阀之间的竖直管道，又称为料腿。立管的作用是输送物料、系统密封、产生一定的压力防止炉膛内烟气反窜入分离器，并且与回料阀配合，使经过分离器分离下来的物料连续不断的输送回炉膛。回料阀一般分为机械式和非机械式。机械式回料阀通过机械构件的动作来达到控制和调节固体颗粒流量的作用；非机械式回料阀采用气体推动回料运动，无需任何机械作用。

在炉膛中的物料经过燃烧及反应之后，一部分较小颗粒经由流化风带出炉膛，进入旋风分离器或是尾部烟道，较大的颗粒参与炉内循环，更大的颗粒就会沉积在炉膛底部。这部分沉积的灰渣必须从炉内排出，否则就会影响炉内物料的流化。另外，循环流化床锅炉稳定运行的一个重要条件就是保持炉内具有一定的物料量，并且使其相对平稳，进入炉内的物料量与排出的灰渣量要维持在一个平衡状态。在循环流化床锅炉运行中煤及石灰石连续不断地被送入炉膛，燃烧后形成的灰渣除一小部分经由风烟系统排入大气中，大部分经由底渣系统排出炉膛，再由输渣系统送至渣库。

循环流化床锅炉的排渣温度略低于床温，如果灰渣不经过冷却，会造成较大的热损失。另外，一般的灰渣处理设备可承受的温度大多在150℃~300℃。炉渣的冷却工作是通过冷渣器来完成的。冷渣器一般按冷却方式分为水冷式、风冷式、风水联合冷却式。

循环流化床锅炉的输渣方式一般采用埋刮板机或者气力输送。其中气力输送系统简单、投资小、易操作，因此是最常用的一种输渣方式。循环流化床的辅助系统一般包括给煤系统、石灰石系统和风系统。给煤系统一般都由料仓和称重式输送皮带组成，经过破碎后的物料进入料仓，在经输送皮带直接送入炉膛。石灰石系统由石灰石输送风机经管道将石灰石输送到回料阀的返料管线上，再送进炉膛。风系统包括一次风系统、二次风系统、高压流化风系统，主要设备有一次风机、二次风机、高压流化风机、引风机。

循环流化床锅炉的一次风与煤粉锅炉的一次风概念与作用均有所不同。循环流化床锅炉中的一次风主要用来流化炉内床料，同时向炉膛下部密相区提供一定的氧量。一次风由一次风机提供，通过布风板向炉内提供均匀的流化风。一次风压和风量的调整对循环流化床锅炉的燃烧是至关重要的。二次风的作用之一基本与煤粉锅炉相同，主要是向锅炉内提供氧气。对于循环流化床锅炉来讲，二次风还有另一个重要的作用，就是加强炉内物料的混合，适当调整炉内温度场的分布，并且使炉内物料尽可能长时间的停留在炉膛内，从而得到充分燃烧。二次风由二次风机提供，通过布置于炉膛中部的若干个分层的二次风口进入炉膛。运行中通过调整一、二次风之间以及各层二次风之间的配比就可以控制炉内的燃烧和传热。

7.1.2 循环流化床锅炉的控制系统

由于循环流化床锅炉的燃烧过程较煤粉锅炉复杂，并且结构也与煤粉锅炉有很大不同，因此它的控制比同等容量煤粉锅炉复杂，同时由于循环流化床锅炉应用历史较短，其控制还不完善。

从循环流化床锅炉的工艺特性来看，它与常规煤粉锅炉一样，具有多参数、非线性、时变、多变量紧密耦合等特点，但它比普通锅炉具有更多的输入/输出变量，耦合关系也更为复杂。循环流化床锅炉的参数耦合关系如表7-1-1所示。

表7-1-1 循环流化床锅炉的参数耦合

参数	主汽压力	过热汽温	床温	炉膛负压	烟气氧量	床压	汽包水位
燃料量	强	中	强	弱	强	中	强
一次风	强	中	强	强	强	弱	中
二次风	强	中	中	强	强	弱	中
引风	弱	弱	弱	强	弱	弱	弱
排渣	弱	弱	强	弱	弱	强	弱
减温水流量	中	强	无	无	无	无	无
给水流量	中	无	无	无	无	无	强

从表7-1-1中可以看出，给水流量、减温水流量与循环流化床锅炉其他变量之间的关系较弱，可以独立成系统。所以，目前一般将循环流化床锅炉控制系统分为几个相对独立的系统，即给水控制系统、汽温控制系统及燃烧控制系统。其中，给水控制系统，汽温控制系统与常规煤粉锅炉的控制方式基本相同。而燃烧控制系统由于锅炉结构和燃烧过程的不同，与煤粉锅炉燃烧系统存在着很大的区别。因此，这里将着重介绍循环流化床锅炉燃烧控制系统。

7.2 燃烧过程的特点及控制任务

7.2.1 燃烧过程特点

循环流化床燃烧是一种复杂的燃烧过程，为了掌握其特性，并实现较好的设计和控制，人们已经在循环流化床空气动力学特性、燃烧机理、动态特性等方面做了大量的研究工作。

1. 风量及其配比的作用

在循环流化床正常运行时，一次风量有一个最低值称为最低流化风量，低于此风量则不能保证物料处于流化状态。进入炉膛的风量是影响锅炉燃烧的重要因素，循环流化床锅炉也不例外。循环流化床锅炉的送风分为一次风和二次风。一次风的作用是流化炉膛内的床料，同时为燃料的燃烧提供部分氧气。

一次风量过低而使燃料不能正常流化就可能会造成炉膛结焦事故。而一次风量过大，则炉膛下部难以形成稳定的燃烧密相区造成飞灰损失增大，并且增加了风机的电耗，影响经济性。当一次风量不足时增加一次风量会使密相区内的燃煤放热量增加，相应提高床温。但是过大的一次风也相应多带出了炉膛内的热量，使床温下降。如图7-2-1所示，增加单位质量的一次风从高温床层内带出的热量均大于燃烧所产生的热量。

二次风通常在密相区上部喷入炉膛，二次风的作用是为炉膛内部燃烧供氧。另外，就是加强炉内的空气扰动，使物料尽可能长时间的停留在炉膛内，以增加锅炉的燃烧效率。

若炉内流化不足，增加一次风量能让床温得到提高，但是过大的一次风量就会使床温下降。在运行过程中一次风量应以满足物料流化为准。一次风对床温的影响表现在：当床温过高时可适当开大一次风，多带走热量使床温下降，反之则关小一次风。二次风一般为分层进入炉膛，下二次风口由于靠近密相燃烧区，因此，对于床温也有影响。一次风量和二次风量的总和构成进入炉膛的总风量，其中一次风量大概占总风量的50%~70%，二次风量约占总风量的20%~40%，其余为播煤风和回料风。通过调节二次风量来控制锅炉的总风量，总风量的控制依据燃烧室后的烟气含氧量。当显示风量不足时要及时增加二次风，由于二次风风温较低，大量快速的投入二次风会造成床温的较大波动。循环流化床锅炉燃烧控制系统的一个很重要的任务就是调节风煤比，使进入炉膛的总风量和煤量相适应。

2. 给煤量的作用

燃料量控制是循环流化床锅炉燃烧控制系统最重要的任务之一，进入炉膛的燃料通常有两种，即燃煤和燃油。在循环流化床锅炉正常运行时，主要燃料为燃煤，只有在燃烧工况不稳或者是锅炉点火初期才会投油助燃。在正常情况下，给煤量是直接影响锅炉燃烧的重要因素。给煤量与负荷的关系通过如下过程实现：给煤量变化—床温变化—床温与工质温度

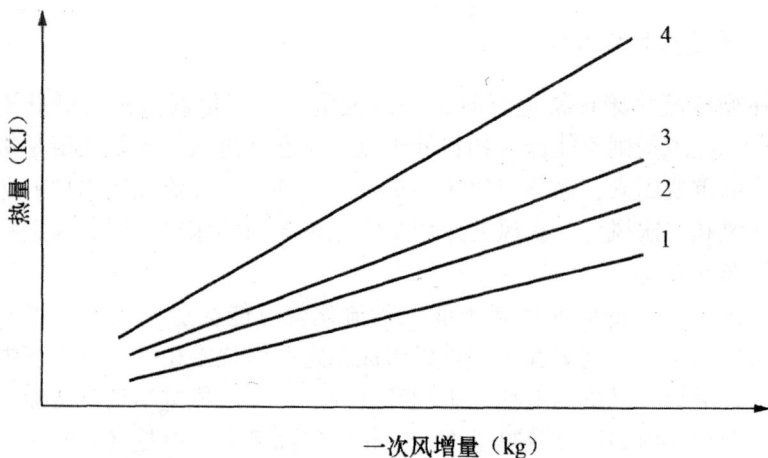

图7-2-1　一次风量增量与带出热量的关系

曲线1-燃烧放热量；曲线2、3、4-床温分别为750℃、800℃、900℃时的带出热量

差变化—受热面内工质吸热量变化。如果给煤量合适，锅炉负荷就会稳定。反之就会不稳定。因此，燃烧控制系统的一个重要子系统就是给煤量控制。

　　除了煤量变化外，入炉煤的煤质也会对燃烧产生很大的影响。煤质一般是指煤中所含的挥发份、灰分和固定碳的比例。通常来讲，挥发份含量越高，煤质越松散，该煤种的燃烧效率就越高。而灰分和固定碳的含量越高，煤就越不容易燃烧。煤种的差别会对锅炉的燃烧和负荷稳定产生很大的变化。在锅炉设计时通常都会采用一个煤种来作为热力系统设计的依据，但是在电厂实际运行时，煤种是经常变化的，因此燃烧控制系统的设计要考虑煤质扰动的影响。

　　在循环流化床锅炉中燃烧的煤不是像煤粉锅炉燃烧的煤粉，而是经过碎煤机破碎后的煤粒。循环流化床锅炉对于煤粒的大小有着严格的要求，粒径过大会增加炉膛的磨损。粒径过小也不易燃烧，因为在燃烧之前就已经被引风机带出炉膛。燃煤的破碎通常和碎煤机的效率有关。

　　3. 床温的作用

　　床温是循环流化床锅炉最重要的一个参数。循环流化床锅炉的正常床温一般控制在850℃~950℃，只有在这个温度范围内才能既保证很高的燃烧效率，又能降低烟气污染物的排放量。床温的控制与调整主要是调节送风量和给煤量。在负荷不变时，床温通常有两种调节方法：

（1）送风不变，改变给煤量。煤量的变化对床温的影响也非常大，因此通过调整给煤量来调节床温比用风量调节幅度大。但是，因为循环流化床锅炉内部蓄热量很大，所以从改变给煤量到床温变化，有一个迟延时间，并且这个时间随工况的改变而改变，这对于控制系统的设计和参数整定是十分不利的。另外，给煤量的变化也会引起多种参数的变化，比如负荷的改变、汽温的变化等。因此，如何解决给煤量与其他参数的耦合关系，也是该类型控制系统需要解决的问题。

（2）给煤不变，调节送风量。正常运行时调节一次风和二次风都会对床温产生影响。在总风量不变的情况下增加一次风量，减少二次风量，可使床温下降；或者一次风不变，调节上下二次风的比例也会影响床温。由于一次风量在总风量中占较大比例，通常将改变一次风量来作为调节床温的一个主要手段。改变一次风量对床温的调节几乎没有延时，调节十分迅速。但是应该注意到，一次风调整幅度不应过大，否则会影响炉内的物料流化，并且调节一次风时应保证其在最小流化风量之上。

4. 床压的作用

床压是循环流化床锅炉的一个特有的概念。床压的大小可以直接反映出炉膛内物料量的多少。如果床压太低，炉膛内循环物料太少，就会影响炉内物料循环，锅炉的蓄热能力就会减弱，从而影响给煤的燃烧导致床温的下降。床压太高，加大风机的电耗率，同时使炉内热量分布不均，容易造成局部结焦。合理的床压可以保证炉内流化质量，使床温分布均匀，使炉膛内燃烧稳定。循环流化床锅炉的床压是由排渣控制系统控制。

7.2.2 锅炉燃烧过程控制任务

循环流化床锅炉的燃烧控制系统的任务是与煤粉锅炉相同，即
（1）满足机组负荷要求，维持主蒸汽压力稳定。
（2）保证燃烧过程经济性。
（3）保证燃烧过程稳定性。
（4）保持床温稳定在正常的范围内，以利于提高锅炉的脱硫效率，抑止NO_x的产生。
（5）保持床压在正常的范围内。

7.3 燃烧过程控制系统

循环流化床锅炉的燃烧控制系统可分为下面几个主要部分：风量控制、给煤量控制、石灰石量控制、床压控制、床温控制、炉膛压力控制、返料风控制。

7.3.1 风量控制

循环流化床锅炉风量控制包括一、二次风比例配置、一次风量控制和二次风量控制。风量控制首先要生成总风量指令，然后通过一、二次风量比例配置分别生成一次风量指令和二次风量指令。

1. 一、二次风比例配置

总风量指令形成如图7-3-1所示，以锅炉指令经过函数器$f_2(x)$后生成相

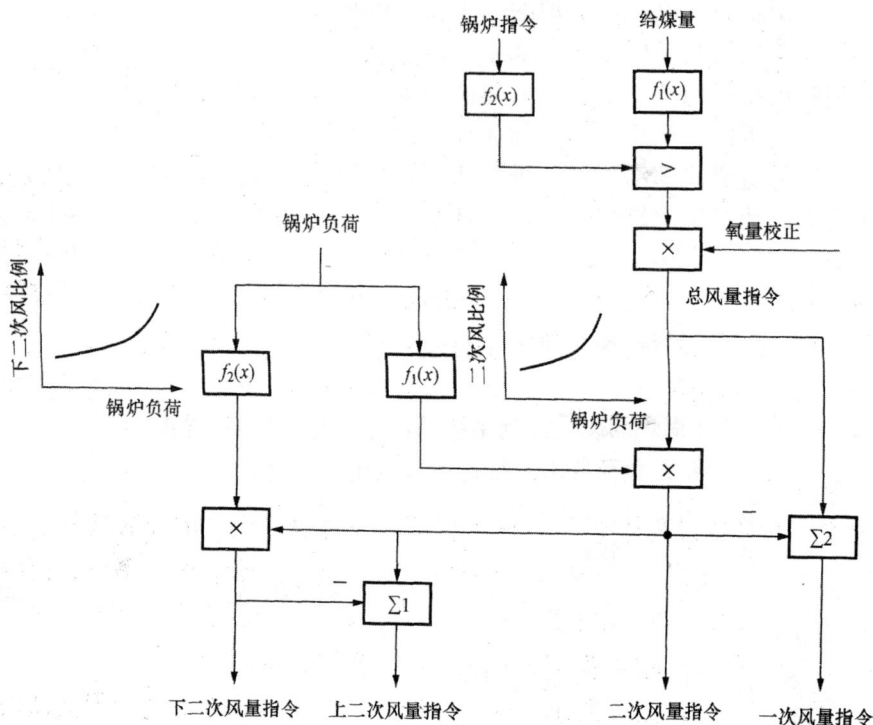

图7-3-1 一、二次风量指令形成

应的风量信号。给煤量信号经过函数器$f_1(x)$后生成该给煤量对应的风量信号，两者进入大值选择器，保证锅炉的富氧燃烧。该信号经与氧量校正信号相乘后生成总风量指令。

总风量指令由一、二次风量比例配置回路完成，将总风量指令转换成对应的一次风量和二次风量控制的设定值。其中，$f_1(x)$为锅炉负荷所对应的二次风量比例函数，$f_2(x)$为锅炉负荷对应的下二次风量比例函数，其函数形式如图7-3-3所示。这样总风量指令转换为下二次风量指令、上二次风量指令和一次风量指令。

2. 一次风量控制

一次风的作用是保证物料处于良好的流化状态以维持正常的物料循环。在如图7-3-2所示的一次风量控制回路中，来自一、二次风比例配置的一次风量指令作为一次风量调节的设定值，由于在通过调节给煤量来控制锅炉负荷时，要求床温维持在一定的范围内，才能保证锅炉正常燃烧。所以，一次风量的控制还应与床温控制结合起来考虑。

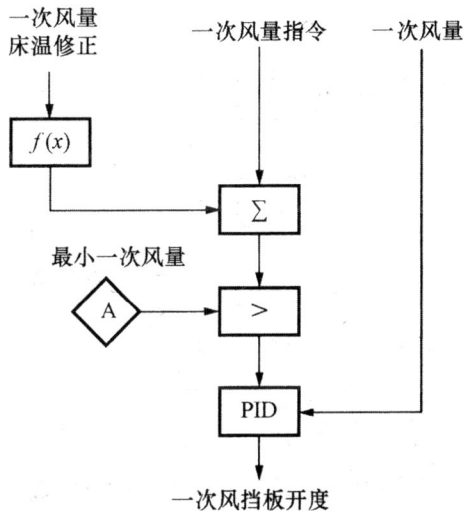

图7-3-2　一次风量控制系统

3. 二次风量控制

二次风量的控制实际上是通过控制进入炉膛。上下二次风量之间也有一个比例关系，控制好这个比例关系就能够提高锅炉的燃烧效率。它们的设定值是由总风量指令经过上下二次风比例配置形成的上下二次风量指令，该指令再经过氧量校正和床温校正，形成上下二次风量设定值，如图7-3-3所示。

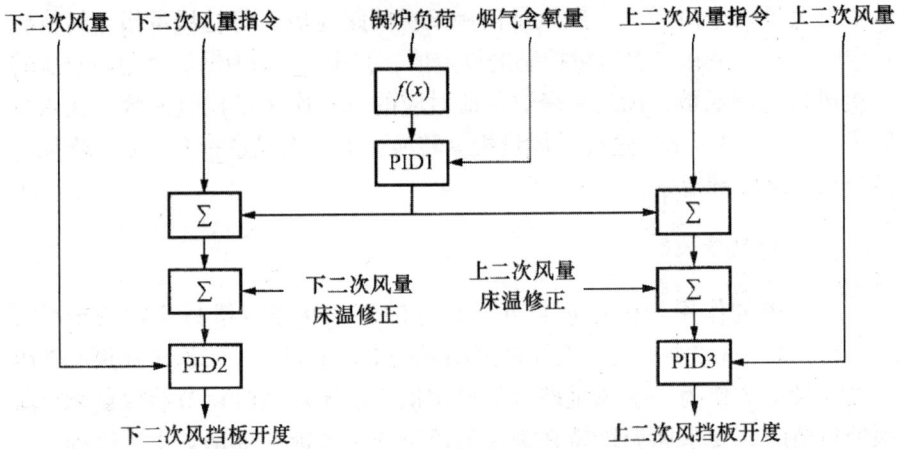

下二次风量　下二次风量指令　　锅炉负荷　烟气含氧量　　上二次风量指令　上二次风量

图7-3-3　上、下二次风量控制

小型循环流化床锅炉的二次风机一般是采用定速电机，二次风量调节靠改变二次风机进口挡板来实现。但是这样的调节方式增加了二次风机的电功耗，并降低了风机的运行寿命。大型循环流化床锅炉普遍采用调速风机，正常运行时风机进出口挡板全开，二次风压力控制系统通过调整风机转速来控制二次风母管的压力，它是以二次风母管压力为设定值的单回路控制系统，二次风压的选择由运行人员根据负荷和实际情况调整设定值。二次风量是通过改变上、下二次风挡板开度来调节进入炉膛的二次风量。

7.3.2　给煤量控制

循环流化床锅炉的给煤量控制系统与煤粉锅炉相差不大，如图7-3-4所示。锅炉指令经函数发生器$f_1(x)$后产生燃料量指令，经过氧量校正的当前总风量信号经由函数发生器$f_2(x)$后产生当前风量下的最大给煤量。该信号与燃料量指令一同被引入小值选择器，选其中的小值作为给煤量调节单元的设定值。

给煤量信号与设定值之差经过PID运算后去控制各台给煤机的出力。为了能够克服由于煤质变化给调节系统带来的扰动，此处所采用的给煤量信号要经过BTU校正（热值校正）。经过BTU校正能够将不同的煤种按照发热

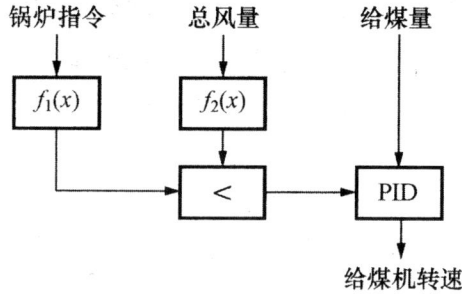

图7-3-4　给煤量控制原理图

量校正来设计煤种，从而克服了煤种变化给调节系统带来的扰动。

7.3.3　石灰石量控制

循环流化床锅炉在燃烧过程中加入的石灰石可以与燃烧中产生的SO_2进行化学反应生成$CaSO_4$，达到脱硫的目的。因此，石灰石量要根据锅炉SO_2排放量进行调节。控制回路一般采用串级调节的方式。主调节器PID1为SO_2调节，副调节器PID2为石灰石量调节。当SO_2变化时，调节石灰石输送风机的转速，以改变进入炉膛的石灰石量。

石灰石量控制原理图如图7-3-5所示。在这个调节回路中，总给煤量作为前馈信号加入石灰石量调节器中。锅炉给煤量发生变化时，SO_2也要相应变化。如果仅根据SO_2信号调节石灰石量，则迟延比较大。将给煤量作为前馈信号，使石灰石量先根据煤量变化，然后再根据SO_2信号进行校正可以减少调节上的迟延。

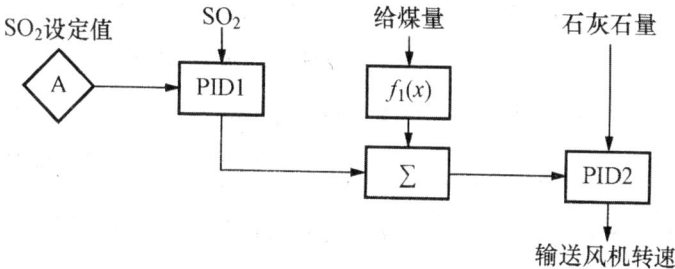

图7-3-5　石灰石量控制原理

7.3.4 床压控制

床压稳定对循环流化床锅炉的正常运行十分重要。床压过高，会增加一次风机的电耗，影响炉内流化，严重时可导致炉内结焦事故的发生；床压过低，使锅炉的蓄热能力降低影响带负荷的能力。影响床压的因素主要有两个，一是炉膛内物料量的多少；二是一次风量的大小。在同样物料量的情况下，增大一次风量可使床压下降。

床压控制通常采用单回路控制方式，以床压测量值与设定值的偏差经过调节器PID运算后来控制排渣口的开度，以此实现对炉内床压的控制。

7.3.5 床温控制系统

床温控制是循环流化床锅炉特有的控制系统，其目的是为了维持床温在最佳范围内。大型循环流化床锅炉通过调整一、二次风量来实现床温控制，如图7-3-6所示。床温测量值与设定值的偏差经过调节器PID运算后产生上、下二次风量和一次风量的床温修正值，该床温修正信号被引入到二次风量和一次风量控制系统中对相应的风量设定值进行修正。

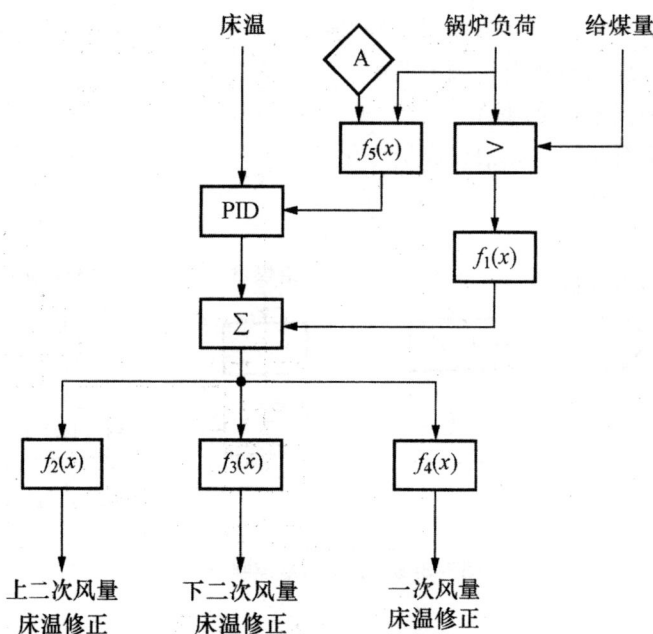

图7-3-6 床温控制系统

在实际运行过程中，床温是随负荷而改变。在低负荷时炉膛很难维持较高的床温，在高负荷时，又要保证床温不超过最高限。因此，床温控制的设定值是由锅炉负荷经函数器$f_s(x)$的生成并可由运行人员依靠经验调整。为了提高控制系统的响应速度，将锅炉负荷信号和给煤量信号经过大值选择器后作为前馈引入。这是因为煤量变化信号和床温变化之间有较大的迟延时，也有的茸制系统将氧量信号作为前馈信号。

需要指出的是：由于床温与其他参数的耦合性很强，并且还存在着非线性、时变的因素，所以采用常规控制方式有很大的局限性。当锅炉负荷稳定时，给煤量没有变化，因此床温不会出现大的波动，依靠调节风量可以满足控制的要求。但是，当锅炉给煤量出现快速扰动，或是锅炉负荷瞬时较大变化时，床温控制系统就很难完成控制任务，这时往往要依靠运行人员的经验进行调整。

7.3.6　炉膛压力控制

炉膛压力的测点一般安装在炉膛的上部，炉膛压力调节的目的是保持炉膛出口压力为一定的负压或是微正压。循环流化床锅炉对于炉膛压力的要求没有煤粉锅炉严格。循环流化床锅炉的炉膛压力控制可通过调节引风机的进口挡板开度来实现，与煤粉锅炉的炉膛压力控制原理完全相同，如图7-3-7所示。循环流化床锅炉的炉膛压力控制系统是一个前馈—反馈控制系统，它的设定值由运行人员手动给定。为了快速消除风量

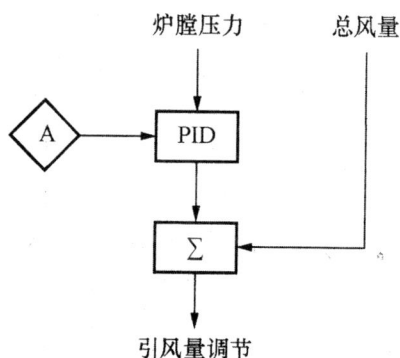

图7-3-7　炉膛压力控制系统

变化所带来的扰动，把总风量作为前馈信号送入控制系统输出中，以减少风量变动对炉膛压力的影响。

7.3.7　返料风控制

为了保证循环流化床锅炉的物料外循环的顺畅，在回料阀内要引入一路高压的返料风。返料风来自单独的高压罗茨风机。返料风要求高压力小流量，一般风量小于总风量的2%。返料风压的控制是一个单回路控制系统，通过调节返料风母管与一次风母管之间连通挡板的开度实现。

7.4 300MW机组循环流化床锅炉控制

300MW机组循环流化床锅炉控制系统和一般的循环流化床锅炉相差不大。它的控制系统主要包括给水控制、汽温控制和燃烧控制，而它的给水控制与煤粉锅炉控制相同。

7.4.1 300MW机组循环流化床锅炉的主要特点

为了解决单布风板面积越大其流化性能就越差的问题，300MW机组循环流化床锅炉采用了单炉膛分叉腿、双布风板结构。一次风在空气预热器出口被分为两路进入炉膛，分别由两个气动挡板来控制两床的风量分配。

在炉膛上部左右两侧各布置有两个分离器，每个分离器回料腿下布置一个回料阀和一个外置换热器。外置换热器是300MW与135MW机组循环流化床锅炉的一个显著区别。随着容量的增大，炉膛的容积不可能成比例增加，为了解决炉内受热面布置的困难，大容量的循环流化床锅炉都普遍采用了外置换热器。从分离器分离下来的物料一部分经由回料阀直接返回炉膛，这一部分物料被称为高温返料。另一部物料分经过外置换热器后在回到炉膛，被称为低温返料。低温返料量可由外置床入口处的锥形阀控制。其中两个外置换热器内布置高温再热器和低温过热器，主要用来调节再热蒸汽温度。外置换热器的流化风由高压流化风机提供。

7.4.2 燃烧控制系统

燃烧控制系统含风量控制、给煤量控制、石灰石量控制、床温控制、炉膛负压控制、床压控制以及返料控制。由于炉膛负压控制、石灰石量控制和返料控制与第三节介绍的完全一样，故不再介绍，下面分别介绍燃烧控制系统的其他几个子系统。

1. 风量控制

一次风量的控制如图7-4-1所示，控制采用单回路控制系统，与135MW机组控制稍有不同的是一次风量不需要床温的修正。一次风量是负荷的函数，在50%锅炉负荷范围内，一次风量基本恒定不变，之后随锅炉的负荷增加而成比例增加，直到增加至额定值。一次风量约占总风量的

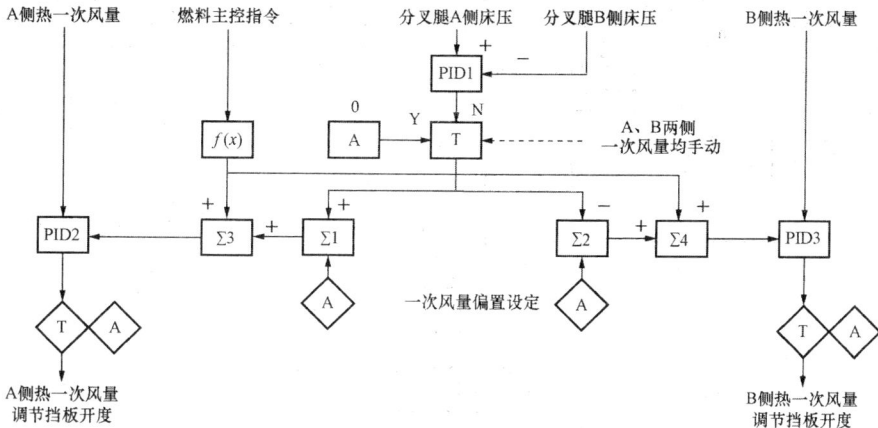

图7-4-1 300MW机组循环流化床锅炉一次风量控制系统图

35%，设定值由燃料主控指令经函数器$f(x)$变换后的信号上叠加两侧分叉腿床压偏差修正信号。

在一次风量设定值上加上左右分叉腿床压偏差修正信号是为了预防锅炉出现"翻床"事故。"翻床"是指分叉腿炉膛结构的锅炉在运行中，由于两支腿之间出现较大的床压差，使炉内的大部分床料在短时间内聚集在某一支腿内，而另一支腿内几乎没有床料。床料聚集的一侧由于床压太高而造成"塌床"；另一侧则由于没有床料或床料太少而出现"吹空"现象。虽然两侧给煤和排渣不均都会引起"翻床"事故，但运行中两侧的一次风量不均则是最主要原因。因此，在一次风量控制系统中加入两侧床压偏差控制可以起到有效的预防作用。图7-4-1中A侧床压减B侧床压后的差值经调节器PID1控制后输出分别送至加法器∑1和∑2，形成对A侧一次风量设定值和B侧一次风量设定值的修正。当分叉腿A侧床压高于B侧床压时，A侧一次风量必然小于B侧一次风量。要想使两侧床压平衡应增加A侧一次风量，减小B一次风量。由于压差调节器PID1为正作用，所以此时的输出增加。此时使A侧一次风量设定值增大，B侧一次风量设定值减小，从而达到增加A侧一次风量，减小B侧一次风量的目的。反之，当A侧床压小于B侧时控制器的输出减少，此时A侧一次风量设定值减小，B侧一次风量设定值增大。控制器的输出端有一个切换块，当两侧一次风量自动至少有一个投入时，切换器输出为调节器PID1的输出。当两侧一次风量调节均为手动时切换器输出0。

由于是通过改变二次风量来调节总风量来保证烟气含氧量，因此与常规循环流化床锅炉控制方式相同。图7-4-3所示为二次风量控制系统，二次

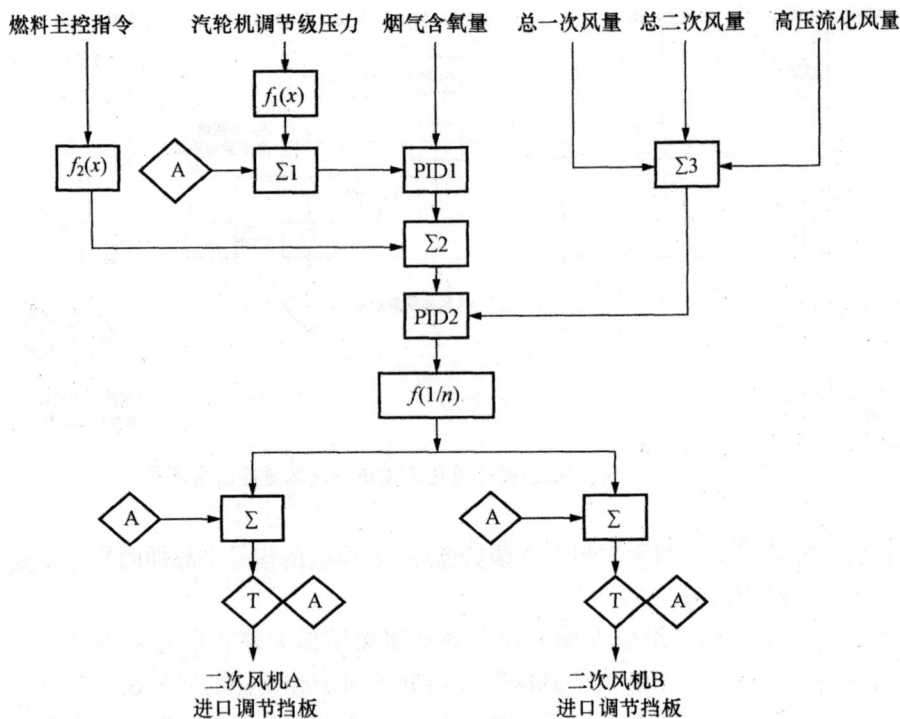

图7-4-2　300MW机组循环流化床锅炉二次风量控制系统图

风量的改变是通过调节二次风机进口挡板实现。由于300MW机组循环流化床锅炉的一、二次风不参与床温调节，在50%锅炉负荷内，二次风量也是基本恒定不变，之后随负荷的增加而逐渐增至额定值，二次风量约占总风量的50%。

　　燃料主控指令经函数器$f_2(x)$后给出总风量基本设定值。由代表锅炉负荷的汽轮机调节级压力信号经函数器$f_1(x)$后给出烟气含氧量设定值，烟气含氧量测量值与设定值经调节器PID 1运算后为风量修正信号，该信号对总风量基本设定值修正后形成总风量设定值，锅炉总风量为总一次风量、总二次风量和高压流化风量之和，总风量设定值与测量值的偏差经过调节器PID2运算后的输出，改变相应的二次风机进口挡板，从而实现总风量的调节。

　　图7-4-3所示为二次风压控制系统，二次风压是通过调节炉膛两侧的四个二次风挡板来实现。

空气预热器出口二次风压力

左下热二次
风量挡板　　　右下热二次
风量挡板　　　左上热二次
风量挡板　　　右上热二次
风量挡板

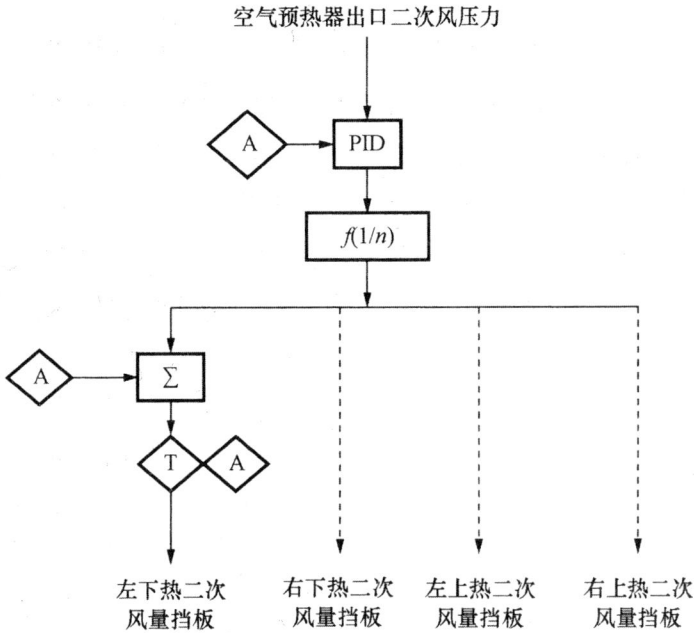

图7-4-3　300MW机组循环流化床锅炉二次风压控制系统图

2. 燃料控制

300MW机组循环流化床锅炉给煤系统有四条刮板给煤机，采用前后墙回料腿及侧墙的双六点给煤方式。炉前煤斗里的煤经给煤机送至位于炉膛前后墙的回料管线和侧墙中部的给煤管。

从每个给煤机上再分别引出一根给煤管线，分别经两侧墙给煤口送入炉膛，并引入一次风作为播煤风。所有给煤管线上均有二次风作为给煤密封风，给煤控制方式与煤粉锅炉控制基本相同。锅炉热量信号为汽轮机调节级压力与锅炉汽包压力变化率之和。给煤量的设定值来自机组协调级的锅炉指令，如图7-4-4所示，每一个到给煤机转速控制的输出信号前有一个偏置信号，以便根据实际情况调整每台给煤机的出力。

3. 床压控制

300MW机组循环流化床锅炉的床压调节也是一个单回路调节。床压的设定值是锅炉负荷的函数，其输出控制四台冷渣器锥形阀的开度。与135MW机组循环流化床锅炉不同的是，其床压测点分布在两个分叉腿内，因此控制系统的测量值应该取两侧床压的平均值。具有分叉腿结构的循环

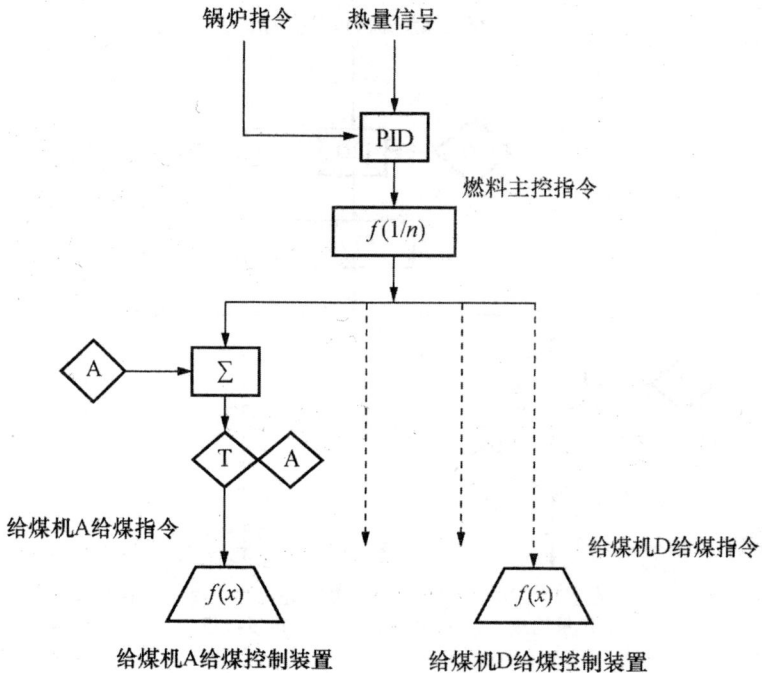

图7-4-4   300MW机组循环流化床锅炉给煤控制系统图

流化床锅炉由于分叉腿两侧床压差别太大会导致锅炉"翻床"事故的发生。因此，在调节两侧的排渣量时应该做到大致相同，避免出现排渣不均的情况。

4. 床温控制

在无外置换热器的循环流化床锅炉中，床温的控制通常通过调节一、二次风量来实现的。由于该种方法对床温的调节能力有限，因此不能很好地适应大容量循环流化床锅炉的床温控制。300MW机组循环流化床锅炉通常采用外置换热器来实现床温的控制。通过控制进入外置换热器的灰量，可以在较大范围内调节循环主回路和锅炉尾部对流烟道的热量分配，从而起到调节床温的作用。需要说明的是，外置换热器对于床温的调节也是有一定范围的。当改变外置换热器的进灰量时，过热汽温也会受到影响。当需要提高锅炉床温时，应该减小进灰量，此时过热汽温会随之降低，减温水量减少，反之应该增大减温水量。但是，锅炉的减温水流量会受到管路和调节阀的限制，有一个流量调节范围。因此当进灰量改变过大时可能会超过减温水流量的调节范围，而使过热汽温超限。在床温的调节上要对控制系统的输出进行限制，避免出现上述情况。

300MW与135MW机组循环流化床锅炉在床温测点的布置上略有不同。300MW机组循环流化床锅炉在每个分叉腿中布置有上、中、下三层床温测点，每层3只。炉膛中上部各布置有一个床温测点，这两个测点主要是给运行人员提供参考，未参与逻辑运算。分叉腿下层床温测点用于锅炉点火初期，作为投运床上油枪的判断条件。中层测点用于锅炉点火后期，作为投运给煤机的判断条件。上层床温测点用于锅炉正常运行时床温的自动控制和保护。锅炉床温控制采用单回路控制系统，如图7-4-5所示，控制系统的输出到布置有中温过热器的外置换热器的进灰调节阀。为了防止床温的小幅度波动对调节造成扰动，采用带死区限制的调节器，死区域为±10℃。由于锅炉负荷和给煤量对床温有影响，因此引入锅炉指令和燃料主控指令作为前馈信号。同时为了防止进灰调节阀被灰粒阻塞，调节阀的开度不能长时间保留在一个状态，所以在控制信号上叠加了一个振荡信号，使进灰调节阀开度每隔一段时间就会产生一个±2%的波动。

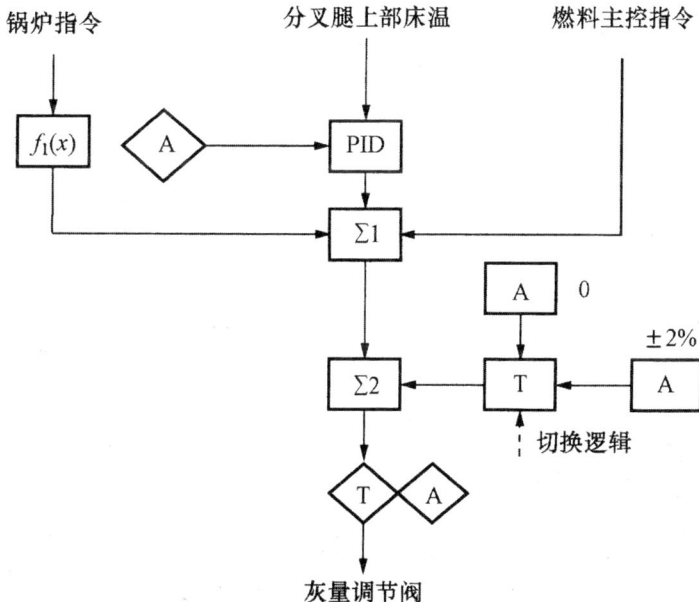

图7-4-5 300MW机组循环流化床锅炉床温控制

7.4.3　汽温控制

300MW机组循环流化床锅炉在过热器和再热器的布置上有其特殊性，因此汽温控制有一些不同的控制方法。

外置换热器的锅炉会在其中两个换热器中分别布置一个Ⅰ级中温过热器和一个Ⅱ级中温过热器。另外两个换热器中每个各布置一个高温再热器和一个低温过热器。在尾部烟道中布置高温过热器、低温再热器、高低温省煤器。因此，过热蒸汽共有三级减温水，分别布置在低温过热器和Ⅰ级中温过热器之间，Ⅰ级中温过热器和Ⅱ级中温过热器之间，Ⅱ级中温过热器和高温过热器之间。这三级减温均采用串级控制方式，主参数为Ⅰ、Ⅱ级中温过热器和高温过热器出口汽温，副参数为各级减温器出口汽温。控制方式与常规过热汽温调节方式相同。

再热汽温的调节与常规调节方式则不同，只在低温再热器入口处布置事故减温器。正常情况下采用改变外置换热器的进灰量来调节高温再热器出口汽温，只有当外置换热器锥形阀开度达极限位置且再热汽温仍超温时才投入事故减温器。锥形阀开度的调节为一个单回路PID控制，并采用锅炉热负荷指令作为前馈信号。

第8章 锅炉安全监控系统

随着电力事业的发展，人们对炉膛安全监控重要性的认识不断提高、对炉膛安全进行监控的措施不断改善，FSSS相关的规程规范也越来越细化和完善，FSSS已经与ETS（汽轮机紧急跳闸系统）一起成为大型火电机组最重要的两大主机保护系统。

8.1 概述

锅炉炉膛安全监控系统（Furnace Safeguard Supervisory System，FSSS）是保证锅炉燃烧系统中各设备按规定的操作顺序和条件安全启停、切投，实时监控是否发生危及炉膛安全的危急工况，并在危急工况下自动发出主燃料跳闸指令（Main Fuel Trip，MFT），迅速切断进入炉膛的全部燃料（包括点火燃料），防止发生爆燃、爆炸等破坏性事故的安全保护和顺序控制装置。国内外有些厂家所定义的燃烧器管理系统（Burner Management System，BMS）、燃料燃烧安全系统（Fuel-firing Safety System，FSS）、炉膛安全系统（Furnace Safety System，FSS）、燃烧器控制系统（burner control system，BCS）的主要功能均包括在FSSS内。通常认为FSSS在含义上等同于BMS，而包括FSS（炉膛安全系统）和BCS（燃烧器控制系统）。

随着机组容量的增大和参数的提高，生产设备的结构和生产系统都越来越复杂，在运行中需要监视和操作的项目随着机组容量的增长而显著增多，尤其在锅炉启停工况和事故工况时，对燃烧设备的操作稍有不当很容易造成意外事故，特别是锅炉爆燃而引起的灭火"放炮"事故，可能导致锅炉炉墙开裂、刚性梁变形，烟道、风道开裂，联箱移位，受热面泄漏，水冷壁爆管等，将对锅炉留下不可弥补的后遗症，造成极大的经济损失。

从20世纪70年开始，FSSS开始随着引进新机组在我国使用，国产机组从20世纪80年代开始也逐渐加入了FSSS相关功能的设计。能源部在1992年3月批准实施《火电厂煤粉锅炉燃烧室防爆规程》（DL435-91），要求

"200MW以上机组的锅炉应有全炉膛和各主燃烧器的火焰检测器，炉膛出口压力检测装置，并在司炉操作台处有指示信号和声信号、光报警信号。当失去全部火焰和一角的燃烧器全灭火以及规定数量的燃烧器全灭火时，自动跳主燃料，相应的连锁系统动作，并自动定时吹扫。300MW及以上机组还应有可程控的自动点火系统和从点火到运行的全程监控装置。"

8.2 锅炉炉膛安全监控系统的功能与配置

8.2.1 锅炉炉膛安全监控系统的功能

FSSS的功能是在锅炉运行的各个阶段，包括启动和停机过程中，管理燃烧设备，监测锅炉运行情况，在对设备或对人有危险时发出主燃料跳闸指令，以切除所有燃料设备和有关辅助设备的运行，切除进入炉膛的一切燃料。

FSSS的主要功能大致可归纳为以下六个方面：

（1）炉膛吹扫。吹扫时必须切断进入炉膛的所有燃料，并保证足够的吹扫风量，吹扫时间应不少于5min。在吹扫计时时间内，若吹扫条件中任意一个条件不满足，则判定为吹扫失败，需重新计时再次吹扫。在吹扫结束之前，系统应不允许送燃料至炉膛，不允许运行人员在不遵守安全程序的情况下启动设备。

（2）燃油设备管理。完成点火前吹扫后，系统即开始对投油点火所必备的条件进行检查，如油系统检漏试验是否成功、油源条件、雾化介质条件、油枪和点火器机械条件等。上述条件经确认以后，系统即向运行人员发出点火允许信号，并根据运行人员指令对各燃油设备进行自动程序控制，主要包括总油源或汽源控制、油燃烧器单操或层操控制、油枪点火器控制、油角阀控制、点火时间控制、点火成功与否判断、点火完成后油枪的吹扫、油层点火不成功跳闸等。

（3）燃煤设备管理。系统对投入煤粉所必备的条件进行检查，这主要包括锅炉参数是否合适、煤粉点火能源是否充足、喷燃器工况、给粉机工况、有关风门挡板工况等。待上述条件满足以后，系统即向运行人员发出投粉允许信号，并根据运行人员指令对各煤粉层进行自动程序控制，主要包括给煤机控制、磨煤机控制、给粉机控制、排粉机控制、相关风门控制、启动成功与否判断、制粉系统保护等。

（4）炉膛火焰检测。炉膛火焰检测一般分为火球火焰检测和单个燃烧器（油燃烧器或煤燃烧器）火焰检测两种。对于像B&W、前后墙对冲燃烧锅炉或W型火焰等各燃烧器能量互不支持的锅炉，则以单个燃烧器火焰检测为主，并以火焰强度和脉动频率来综合判断。

（5）主燃料跳闸（MFT）。这是FSSS的主要组成部分，它连续地监视预先确定的各种安全运行条件是否满足，一旦出现可能危及锅炉安全运行的危险情况，就快速切断进入炉膛的燃料，以避免发生设备损坏事故，或者限制事故的进一步扩大。

（6）特殊功能。除对锅炉的正常启停和运行工况进行实时监控外，FSSS还配合其他系统一起实现以下特殊功能：

辅机故障减负荷（Run Back，RB）是机组在重要辅机发生故障跳闸、锅炉出力低于给定功率时，FSSS通过迅速切除部分燃料的方式，配合协调控制系统将机组负荷快速降低至合适出力。

快速甩负荷（Fast Cut Back，FCB）是指运行机组由于发电机解列，而快速甩负荷至厂用电稳定运行，也就是常说的孤岛运行。在该过程中，应保证机组运行参数的变化在安全范围内，而且不引起停机停炉保护动作，不危及设备安全，以便有可能较快地重新并网发电。此工况下，FSSS主要任务也是迅速切除部分燃料，并投油稳燃。

8.2.2　典型FSSS的配置

典型的FSSS主要可分为运行监控部分、逻辑控制部分、现场设备部分。

1. 运行监控部分

运行监控设备是FSSS系统人机联系的重要接口，分为集控室内运行监控设备和现场控制柜两部分。

集控室内运行监控设备主要包括DCS监控画面、火焰电视、水位电视、手动MFT按钮等，为运行人员提供对FSSS进行集中监视和控制所需的几乎所有手段。其中DCS监控画面上应提供对FSSS相关现场设备的状态监视和操作接口，还应对FSSS重要逻辑如MFT动作条件及首出、OFT动作条件及首出、吹扫条件、点火允许条件等以及重要信号的报警进行显示。

现场控制柜主要用于维修、测试和校验现场设备，以及为某些成套提供的重要设备提供辅助的运行监控手段，如就地点火控制柜、磨煤机液力和润滑油系统就地控制柜、给煤机就地控制柜等。

2. 逻辑控制部分

逻辑控制部分主要指DCS控制器及逻辑组态，可分为FSSS公用逻辑和设备控制逻辑。

FSSS公用逻辑主要控制内容包括炉膛吹扫、MFT动作条件及首出、OFT动作条件及首出、油检漏试验、油点火允许、煤点火允许、火检冷却风机、密封风机、主燃油跳闸阀、回油阀、进回油联络阀等。FSSS公用逻辑一般应设一个单独的控制机柜及一对单独的冗余主控制器，用于对以上对象进行逻辑组态运算控制，除此之外，还应配有独立于DCS控制逻辑之外的MFT硬跳闸回路，作为DCS故障失灵后的后备可靠停炉手段。

设备控制逻辑的主要控制对象包括各磨煤机及其所属设备（包括润滑油站、相关执行机构等）、各给煤机、各给粉机、各油燃烧器（包括油枪、点火枪、油角阀、吹扫阀等）、各风门挡板等。

控制器的合理分配非常重要，不合理的控制器分配可能使系统风险相对集中、负荷率不平衡，在故障情况下可能导致事故的扩大。为此，控制器的分配应遵循分散风险、均衡负荷的原则。对于FSSS而言，主要应注意以下几点：

（1）MFT主保护逻辑应独立配置控制器，在机组运行中对该控制器及该机柜的冗余电源运行情况进行严密监视，任意一台控制器故障或任意一路电源失去时应向运行人员发出声光报警。

（2）为最大程度提高系统可靠性，尽量避免因一对控制器故障造成停机，同时为均衡各控制器之间的负荷率，应将并列运行的磨煤机、给煤机、给粉机、油燃烧器等设备分别配置在不同控制器中。

（3）为减少通信信号，避免因通信故障造成设备失控，应尽量以工艺系统为基础进行控制器分配，如将各磨煤机的冷热风挡板调节；各磨煤机的负荷风、旁路风调节；各给煤机控制等自动控制系统控制逻辑放在对应磨煤机所在的控制器中。

3. 现场设备部分

现场设备包括检测元件和执行机构等。

检测元件用于监视炉膛燃烧情况，如空气和燃料系统的压力、温度等。它包括压力开关、温度开关、流量开关、火焰检测器和限位开关。

执行机构用于控制进入炉膛的燃料（油、煤）和风，主要部件有各种电动阀门、气动阀门、电磁阀、挡板等；各种给煤机、磨煤机、给粉机、风机等电动机控制；以及油枪与点火枪的伸缩机构等。

（1）油枪。燃料油在炉内燃烧前经加热和升压，再经油枪喷入炉内雾化散开，形成雾炬。油枪对燃油的雾化质量起着决定性的作用，按其工作原理分为机械雾化式和介质雾化两大类。

对油枪的基本要求是：

①有一定的喷油量调节范围，以适应不同工况的要求。

②在一定调节范围内能保证雾化质量。

③保证燃料油能与空气相匹配。

④有一定的火焰长度调节能力。

⑤调节方便、工作可靠、结构简单等。

机械雾化式油枪是靠燃油在压力差的作用下产生的高速射流使燃油雾化。在工业锅炉上广泛应用的是离心式油枪，其工作原理为燃油在一定的压力差作用下切向进入油枪的旋流室，在其中产生高速旋转运动，然后从喷口喷出，离心式油枪的主要零件是雾化片、旋流片、分流片。这种油枪的喷油量与喷油压力差的平方根成正比，因此在低负荷时喷油压力差大大降低，喷出的燃油速度也大大降低，雾化质量变坏。

蒸汽雾化油枪是利用高速喷射的蒸汽的动能使燃油破碎成油滴，但这种油枪要消耗较多饱和蒸汽，其优点是对燃油压力要求较低。近年来在大容量锅炉得到较广泛应用的蒸汽—机械组合式油枪（Y形）采用较高的燃油压力，以加强机械雾化的作用，这样既可以提高雾化质量又可以降低蒸汽消耗。

（2）点火系统。现代大型煤粉锅炉多采用多级点火，主要分为两种：一种是气—油—煤粉的三级点火系统；另一种是油—煤粉的二级点火系统。大多数机组采用二级点火系统：先由高能电点火器点燃燃料油，再由燃油火焰点燃煤粉。此外，为了节约点火用油，国内外都进行了许多试验研究，目前煤油点火、等离子点火等先进点火技术都已经成熟，在燃用煤种较好的机组上已普遍实际应用。

在以上两种点火系统中，都是首先利用电点火器来点燃过渡燃料——可燃气体或燃料油。因此，煤粉炉的点火装置都要有点火器，目前使用最广泛的是高能电火花点火器。

高能电火花点火器简称高能点火器，由高能点火变压器和点火电嘴组成。其工作原理是利用点火变压器的R-C回路充放电功能，使点火电嘴两极间的半导体面上形成能量很大的火花，以点燃燃料。

①点火变压器。如图8-2-1所示，点火变压器一次侧输入为220V、50Hz交流电，二次侧输出电压可达2000V以上，通过整流电路供给2 kV以上的直流电对充电电容器充电，限流电阻控制充电速率。当电容器两端电压

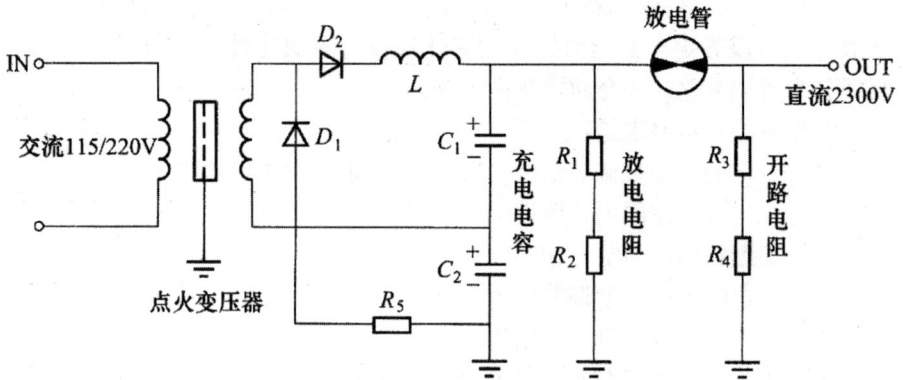

图8-2-1　高能点火激励器原理图

升到足够高时，密封火花间隙（放电管）被击穿，R_3回路接通，并且在点火器两电极间产生泄漏电流，使半导体元件温度升高。因半导体材料具有负的电阻-温度特性，此时其电阻值大大减小，通过电极的电流迅速增加，在电极上产生能量很大的电火花（电弧）。这时电容器储存电能通过放电释放，接着电容器将再次充电，电火花熄灭。点火火花的速率一般是每秒4~6个火花，高能的火花不易被燃料吹熄，而且能够清除焦渣，有助于保持点火端的清洁。

点火变压器是一个密封装置，不需要维修。变压器一般最多能够连续运行15min，然后在它再次使用前至少必须停用30min，超过规定限度运行将会造成变压器元件的损坏。

②点火端（点火电极）。点火端通过电气插头与点火变压器相连。点火电嘴的中心电极与侧电极均为负电阻温度特性的半导体材料。点火端相似于一个火花塞，高电压施加在点火端部的一个半导体电极上，另一个半导体电极接在点火变压器的公共端，当两电极间的电压达到预定的数值（如2000V），则会击穿放电。

点火端的寿命预定为20万个火花，由于一个点火周期接近30s，而点火器火花的速率约每秒4个，所以一个点火端可以使用寿命约2000个点火周期。

8.3　火检原理与炉膛压力检测

8.3.1　火检原理及设备

1. 火检概述

火焰检测（简称火检）系统是FSSS中非常重要的组成部分。它的作用是通过传感器将炉膛内火焰燃烧状况实时转换成电信号，通过逻辑运算得到火焰存在开关量信号、火焰强度模拟量信号以及火检故障信号，将这些信号送到FSSS以供报警和跳炉逻辑的实现。

从燃烧器中喷射出的燃料形成火焰大约可以分为四个区域，即：

（1）第一区域俗称黑龙区，即燃料刚喷入炉膛的第一段，该区域内是一股暗色的燃料与一次热风混合，其辐射强度和闪烁频率都很低。

（2）第二区域是初始燃烧区，燃料因受到高温炉气回流的加热而开始燃烧，大量的燃料颗粒燃烧成亮点流，此段的亮度不是最大，但火焰闪烁频率很高。

（3）第三区域为完全燃烧区，各个燃料颗粒在与二次风充分混合下完全燃烧，产生很大热量，此处的火焰亮度最高，但闪烁频率较低。

（4）第四区域为燃烬区，这时煤粉大部分燃烧完毕，形成飞灰，少数较大颗粒进行燃烧，最后形成高温烟气，其亮度和亮度变化频率较低。

由此可知火检安装位置对于检测到的火焰强度和频率是有直接关系的。试验证明，炉膛里燃烧产生的光辐射具有脉动性，脉动的频率根据燃料种类的不同有很大的变化，这是区别它与自然光和炉壁结焦发光的一个重要特性。炉膛火焰的辐射能量是在某个平均值上下闪烁。

2. 火检分类及特点

同一燃料在不同的燃烧区，火焰的频谱特性也有差异：在火源处（即在初始燃烧区）的脉动频率较高，在火焰的尾部较低，取出合适的频率部分就可以将目标火焰和背景火焰区分开。根据这些特性的不同，针对不同的目标火焰采用合适的光敏元件来检测目标频域的光辐射，如光敏电阻、光电二极管、光电三极管等，并尽量降低干扰光源的影响。火检探头利用光敏元件将可视区域内的敏感光信号转变为脉动的电流信号，电流信号经放大处理通过屏蔽电缆输出到火焰放大器，由火焰放大器对信号分别进行处理，经频率检测、强度检测及回路检测等多种测试，输出包括火检的质量状态、火焰存在状态的标准信号供其使用。

（1）紫外光火检的特点。由于其频谱响应在紫外光波段，因此它不受可见光和红外光的影响。根据含氢燃烧火焰具有高能量紫外光辐射的原理，在燃烧带的不同区域，紫外光的含量有急剧的变化，在第一燃烧区域（火焰根部），紫外光含量最丰富，而在第二和第三燃烧区域，紫外光含量显著减少。因此，紫外光用作单火嘴的火焰检测，它对相邻火嘴的火焰具有较高的鉴别率。

（2）可见光和红外光火检的特点。由于其频谱响应在可见光和红外光波段，辐射强度大，因此对器件的要求相对而言较低。缺点是区分相邻火嘴的鉴别率不如紫外光。虽然利用初始燃烧区和燃烬区火焰的高频闪烁频率不同这一特性来做单火嘴火焰检测有一定的效果，但要想获得对相邻火嘴的火焰有较高的鉴别率，其现场调试工作量很大。

3. 火检探头组成和工作原理

光电型火检探头主要包括平镜、平凸镜、光导纤维、光检测器及放大电路，其组成示意图如图8-3-1所示。被检测的炉膛火焰穿过平镜和平凸镜落到导光管的端部，位于导光管另一端的光导纤维将此光信号送传到一个光电二极管上，这样就完成了光电转换，此电信号在探头壳里的一块印制电路板上进行预处理，经对数放大、电压/电流转换变成电流信号送到远处的信号处理机箱进行处理。

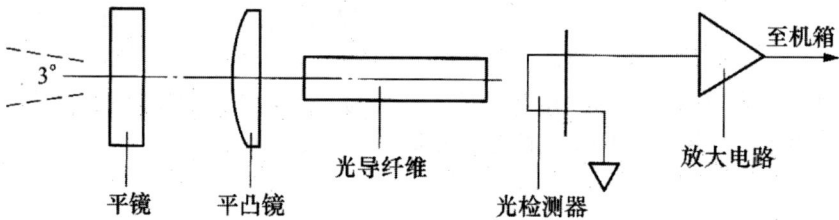

图8-3-1　典型光电型火检探头示意图

目前大多探头用的光电器件是硫化铅光电管，里面有集成滤波器以滤掉可见光波段，还可以使其在大强度辐射时不易受到损坏。

红外探头的输出经过交流耦合到放大器，这样就能除去很强的背景红外辐射，而只有信号中的交流成分才能经过滤波电路去进行放大，这样探头就只响应所检测的火焰脉动信号。

同时在电路设计上设置了单独的灵敏度调整和背景火焰调整，以提高在多燃烧器工作时从相邻或对角燃烧器背景火焰中检测出本燃烧器火焰的鉴别能力。放大电路还对探头送来的火焰信号进行电流/电压变换，进入的探头电流信号经电流/电压变换。该电压信号进入直流放大器进行标度变换，进行标度变换后对其强度分量进行处理。放大器一般采用对数放大器，它对微弱信号有极高的灵敏度，而且对于较强的火焰信号也不至于饱和，这样使得各种情况下的火焰信号都在预定值内，这就可以保证用测得的火焰强度信号作为火检装置自身是否有故障的判断依据。电压/电流变换的目的是为了能将火焰信号进行电流信号传送，电流传送的主要优点是抗干扰能力强和便于远距离传送。

4. 火检的安装、调试与维护

（1）火检探头的安装。火检探头的位置对频率测量具有重要影响，直接决定了火焰检测效果，因此应根据锅炉燃烧动力场及喷燃器与锅炉实际配合后的安装现状进行定位，通常由制造厂确定。

如果探头装于二次风风口内，油枪也装于二次风风口内，二次风若上、下与一次风相邻，此二次风风口内的火检探头既可以检测油枪火焰，又可以检测一次风风口的煤粉火焰。若需要鉴别油枪是否点燃时，则需要两路频率检查回路与此探头相连，一路按油火焰频率整定，一路按煤粉火焰频率整定，这样就避免了在同一个二次风口内装设两套火检探头的必要，可以节省一部分探头及电缆的投资。每个火检探头的安装必须保证能在风量和负荷的全部变化范围内保证对主火焰或点火器火焰的检测。

单火检探头的安装应注意以下几点：

①对于监视主火焰的探头，调整时应使得它不能检测点火火焰。

②在调整探头时，探头的中心线与燃烧器中心线应相交，当夹角较小时（如5°），就能观察到最大的着火区，此时效果最好。

③二次风的旋转方向可能会使火焰发生偏转，此时应该考虑探头安装在旋转的切线方向10°~30°的位置。

④观测管的安装应考虑便于调整，一般不采用焊接固定的方法。

⑤观察调整探头时应戴上保护滤光镜。

典型的火检探头安装示意图如图8-3-2所示。

（2）火检系统的调试。火检系统的调试可分为静态调试和动态调试两个阶段。

静态调试是指锅炉启动前对火检系统的调试，主要包括检查回路接线是否正确牢固、火焰输出触点状态是否满足实际要求、供电电源质量是否

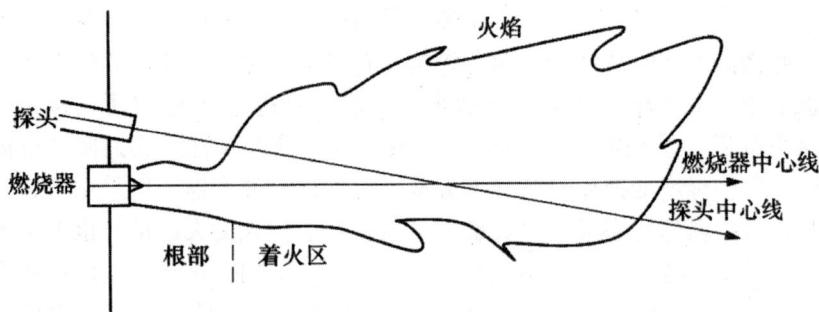

图8-3-2 单火焰检测器探头安装示意图

合格、接地屏蔽系统是否完善可靠等；进行火检系统供电冗余切换试验、通信冗余切换试验、抗干扰能力试验等；火检柜上电后进行火检放大器的初始值设置。

动态调试是一个长期的、不断精细化的过程，应根据本机组的实际情况不断积累经验逐步进行调整，仔细记录和对比调整前后的火检强度变化，不宜一次调整幅度过大。一般来说，炉膛正常稳定燃烧时，火检强度模拟量数值不应过低，但也不宜一直稳定在100%强度。

（3）火检系统的维护。良好的维护能确保火检系统运行正常，确保正确、及时地反映炉膛燃烧状况。一般维护工作应包括：

①保持足够的火检冷却风量。对照厂家要求，检测离火检冷却风机最远的火焰检测器冷却风压力是否满足要求，建议安装压力表进行监视。

②保证火检探头环境温度满足要求。探头附近保温要求良好，不能有漏风、漏粉情况，建议定期用红外线温度计检查火检探头表面温度。

③保持火检探头视线良好，出现结焦情况要及时清理；应视污染情况定期进行火检探头镜头和光导纤维的清灰工作。

④应在不同的锅炉燃烧工况下对火检监视系统参数进行调整，使其在各种工况下均能可靠判断；采用油角阀、给粉机、火嘴投运信号作为火检参数切换条件的火检系统，应模拟油角阀、给粉机、火嘴投运信号对火检参数进行调整，防止燃烧器实际无火时出现对背景火焰的"偷看"现象。

⑤机组大修时，应进炉膛检查火检探头光纤看火的视野情况。

⑥保证火检探头接线正确、牢靠，保持接线屏蔽良好，信号线不能有破损。

⑦确保火检电源系统安全，火检放大器柜失去任意一路电源时应在操作员站上有声光报警。

⑧机组运行时每天对火检系统进行设备巡视并做好记录，包括火检放

大器柜电源指示、故障指示、现场火检探头温度检测等。

⑨做好相关记录，保存相关数据。对火检系统进行消缺、更换设备都应做好记录，以利于分析火检系统硬件的薄弱环节；对火检参数进行调整应做好记录，且应观察并保存参数调整前后各5min的该火检强度、火检有无、机组有功功率、总给煤量、一次风速等信号的历史数据，为今后的火检参数优化提供参考；当因为燃烧不稳导致"失去全部火焰""炉膛压力过高/过低"MFT动作时，应注意保存MFT动作前10min的火检强度、火检有无、机组有功功率以及磨煤机跳闸等信号的历史数据，以便分析各火检参数是否合适，是否存在严重"偷看"的情况等。

5. 火检冷却风系统

机组运行时炉膛温度极高，火检探头安装处的温度也非常高，而一般火检探头的工作温度不超过85℃。为保证火检正常工作，必须用持续的冷却风来维持探头的正常工作温度，保证其使用寿命和测量灵敏度。目前大型火电机组都将"火检冷却风压LL"（或"火检冷却风与炉膛差压LL"）作为MFT条件之一，由此可见其重要性。

典型配置为每台锅炉配两台火检冷却风机，每台火检冷却风机都能带1 000A负荷。正常情况下，一台火检冷却风机运行另一台备用。若运行风火检冷却机突然跳闸，或运行5 s后火检冷却风压力仍然低，则联启备用火检冷却风机；若联动备用火检冷却风机后，两台火检冷却风机运行仍然不能满足风压要求时，则锅炉跳闸。为确保冷却风的持续供给，锅炉启动前要先启动火检冷却风机，停炉后要等炉温降至50℃以下才可停止火检冷却风机。

火检冷却风机的主要作用是：

（1）使探头的镜头和光纤部分不因高温损坏。

（2）使探头的镜头保持清洁。

为达到保护探头的目的，冷却风机应满足以下要求：

（1）流过每只探头的风量大于设定值。

（2）探头内风压与炉膛负压大于设定值。

（3）冷却风机出口风温低于一定值。

（4）风源应尽量清洁。

综合考虑冷却风的冷却效果和对探头的污染情况，一般冷却风出口应背向镜头，冷却风风压值应大于炉膛可能出现的非危急工况下压力的正常值。另外，如果火检冷却风机系统结构允许，运行人员应定期让两台风机并列运行一定时间，以降低火检镜头的污染或结焦。为节省投资，也有一些机组采用冷一次风进行火检探头的冷却，而不再配置独立的火检冷却风机。

8.3.2 炉膛压力检测

炉膛压力是表征燃烧状况的重要参数。锅炉在失去全部火焰前，局部灭火和局部爆燃是经常发生的。局部灭火时，炉膛内出现负压；局部爆燃时，炉膛内出现正压。这就是为什么灭火前和低负荷时炉膛正、负压急剧波动的原因，若调整不当，将导致炉膛灭火。

炉膛压力的检测分为模拟量检测和开关量检测，分别用于数值显示及自动控制、越限报警及停炉保护。

1. 炉膛压力模拟量检测

用于模拟量检测的典型配置为三台用做炉膛压力自动控制系统被调量的变送器，为保证控制精度所以量程范围相对较小；以及一台量程范围较大的变送器，以保证在炉膛外爆、内爆等特殊工况下也能显示和记录炉膛压力数值。

《电站煤粉锅炉炉膛防爆规程》（DL/T 435—2004）中对用作炉膛压力自动控制系统被调量的三个模拟量测点有如下要求：为了减少由于炉膛负压测量出问题而引起误判断，应设置三个独立的取样点（取样点四周不应有吹灰孔等强气流扰动），分别从炉膛上部负压在50~100Pa（或按制造厂规定）的断面引出并送到三台压力变送器组件，并经变送器监控系统（指具备变送器信号质量判断、偏差判断、三取中值逻辑判断以及显示、报警、记录等功能的信号处理组态模块）再送至炉膛压力控制系统，以尽量减少炉膛在压力测量错误情况下运行的可能性。

2. 炉膛压力开关量检测

用于开关量检测的典型配置为3个炉膛压力HH开关、3个炉膛压力LL开关、1个炉膛压力H开关、1个炉膛压力L开关。3个HH和3个LL开关用于构成MFT主保护逻辑；H、L开关用于报警。

根据现行规程，炉膛压力保护应采用过程压力直接驱动的压力开关，压力保护动作信号应按三取二逻辑判断产生，跳闸值信号经短暂延时后，送出总燃料跳闸（MFT）信号；压力开关宜选用单刀双掷（SPDT）式，而不宜选用回差太大的双刀双掷（DPDT）式；压力开关取样点位置必须在常规炉膛压力表或压力变送器测点附近、同一水平标高，并在炉墙上独立开孔，通过独立的取样管接至不同的压力开关。

3. 炉膛压力检测系统的取样安装

锅炉压力取样系统一般由压力取样头、取样管、平衡容器、压力开关等组成，炉膛压力检测取样安装示意图如图8-3-3所示：取样管先进入单独的平衡容器，然后再进入对应的独立压力开关。

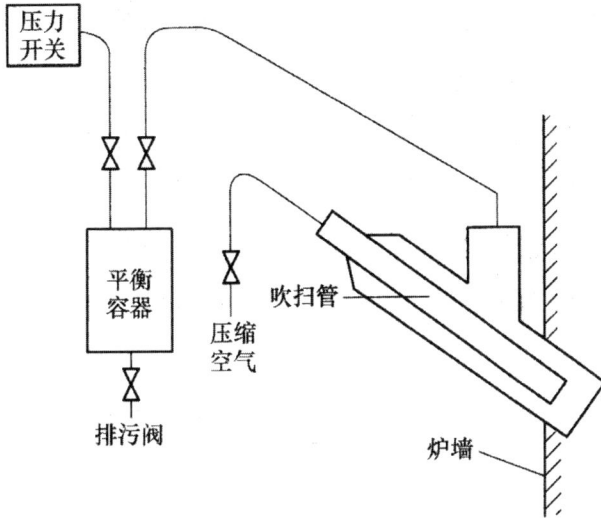

图8-3-3　炉膛压力检测取样安装示意图

平衡容器有两个作用：一是沉淀粉尘，防止飞灰直接进入压力开关，这要求平衡容器的体积不能太小；二是阻尼作用，滤掉高频脉动信号。

此外还应注意的是，安装时取样装置与炉墙的夹角应不大于45°；取样管应避免水平走向及成直角；压力开关应安装于具有稳固底座的平台或运行层，以防止环境振动造成压力保护开关误动；应利用机组检修机会对炉膛压力取样管路系统进行加压试验和吹扫，确保整个系统无任何泄漏和堵塞，保证炉膛压力能迅速地传递到压力开关。

由于炉膛烟气飞灰较多，即使采用了平衡容器，也有可能堵塞炉膛压力开关的取样管，造成保护拒动，而且机组正常运行中还无法判断压力开关取样装置是否堵塞，这种情况将严重威胁炉膛安全。目前很多电厂采用在每个炉膛压力开关的取样管上并接炉膛压力变送器的方法，通过监视压力变送器信号变化情况来确定取样管是否堵塞。

4. 炉膛压力保护定值的整定原则

目前，FSSS都把"炉膛压力过高/过低"作为MFT主保护的重要保护项之一，但对于这两个参数的整定值选取还没有定论。

根据理论分析，压力的变化速度与温度的变化速度成正比。由此可知，炉膛在发生爆燃或灭火的一瞬间，其正压或负压的绝对值取决于炉膛温度和温度的变化速度。

（1）"炉膛压力过低"MFT保护的定值整定原则。

"炉膛压力过低"MFT保护的定值，一般不应超过刚性梁强度的70%，假如锅炉的刚性梁强度为3000Pa，则"炉膛压力过低"MFT保护定值不宜超过2100Pa。若要力求定值合理，则应根据灭火试验来确定。但由于灭火后最大负压与锅炉负荷、煤质情况、漏风情况等多种因素有关，因此不可将一次试验的最大负压作为过低定值。应多做几次试验，并积累资料数据，根据试验结果及运行经验逐步使负压设定值趋于合理。一般来说，可选取80%~85%负荷下灭火试验的负压最大值作为负压保护定值。

（2）"炉膛压力过高"MFT保护的定值整定原则。

产生大的炉膛正压一般有两种比较恶劣的工况：引风机突然跳闸或炉膛已经发生了不可控燃烧。后一种情况总是在至少有局部灭火的情况下发生，而灭火工况一般又先产生较大的炉膛负压；如果炉膛负压没有低到"炉膛压力过低"MFT保护动作，那么炉膛燃料不会被切断，而是仍在不断增加，从而引起小的外爆；此时若"炉膛压力过高"MFT保护的定值定得过高，小的外爆引起的炉膛正压不足以使MFT动作的话，随着燃料的积蓄则可能引发强烈的炉膛外爆，后果非常严重。

因此，在多燃烧器同时投运时产生的正压扰动不引起MFT误动的前提下，"炉膛压力过高"触发MFT的定值应尽可能小，一般不应超过刚性梁强度的70%。

8.4 炉膛爆燃及其防止

8.4.1 炉膛爆燃

FSSS最基本的功能就是在锅炉运行的各个阶段防止炉膛爆燃事故的

发生。故下面着重从应用角度对产生炉膛爆燃的典型工况和防止措施进行介绍。

炉膛爆燃分为炉膛外爆和炉膛内爆。《火力发电厂锅炉炉膛安全监控系统技术规程》（DL/T1091—2008）中定义如下：

炉膛内爆：炉膛负压过大使炉墙内、外所产生的压差超过炉墙承受压力，导致炉墙向内爆裂的现象称为炉膛内爆。

炉膛外爆：在炉膛或与炉膛相连接的后部烟道受限空间内，积聚有煤粉、烟雾、燃气与空气的混合物，当这些混合物的浓度处于爆燃极限范围内时，如遇到点火源即会爆燃，燃烧产物温度骤增、体积膨胀，压力瞬间升高，乃至炉膛损坏，此现象即为炉膛外爆。

目前一般锅炉炉膛燃烧室的设计压力都超过 ±5800Pa，瞬时不变形承载能力超过 ±8700Pa。尽管如此，炉膛仍只能承受小的爆燃，而不可能承受严重的外爆；同时也只能承受总燃料跳闸后炉膛内所出现的负压，而不可能承受严重内爆。因此应清楚认识发生炉膛外爆、内爆的各种原因，并针对这些原因来严谨设计FSSS相关保护逻辑，确保锅炉炉膛安全。

在火焰突然中断或切断燃料时（如MFT时），炉膛温度急剧降低，则炉膛压力也随之急剧降低。此时如果引风机选型时压头过高，或者由于误操作、设备故障等原因送风机出力降低，使负压超过炉墙结构设计的允许强度，就有可能造成炉膛内爆。炉膛内爆的情况在实践中相对较少。

在燃烧设备和燃烧控制系统出现故障时，可能引起可燃混合物的积聚，此时若由于运行人员处理操作不当或保护逻辑不严密等原因产生了点火源，则可能发生炉膛外爆。实际运行中发生的炉膛爆燃大多是炉膛外爆，下面着重进行介绍。

理论分析表明炉膛温度越低、煤粉中挥发物的析出越多、煤粉越细，爆燃后产生的压力越大，因此升炉点火期间由于炉膛温度较低，外爆产生的破坏力相对更大。一般认为炉膛温度大于750℃时，就不会发生炉膛外爆。发生炉膛外爆事故的充分必要条件是：

（1）炉膛或烟道内有燃料和助燃的空气积存。

（2）积存的燃料和空气混合物是爆炸性的。

（3）具有足够的点火能源。

以上三个条件同时满足时才会发生炉膛外爆。因此从理论上分析，要防止炉膛外爆，只需使三个条件不同时存在即可，即一方面应采取措施防止炉膛内积存易爆燃的燃料和空气的混合物；另一方面若炉膛内已积存有易爆燃的燃料和空气混合物时，应严禁明火（点火源）的出现，尽快采用通风吹扫的手段将其吹出炉膛。

燃料和空气混合时，混合物中燃料浓度过大或过低均不会发生爆燃。一般理论认为煤粉和空气混合物的浓度只要达到0.05kg/m³，即可形成爆炸性的混合物；实际经验中发现，随燃料的不同其易爆燃的混合物浓度也不同。

8.4.2 爆燃的防止

1. 炉膛外爆的防止

根据以上分析，只要采取措施让炉膛外爆的三个充分必要条件不能同时成立，即防止炉膛内积存易爆燃的燃料和空气的混合物，或在炉膛内已积存有易爆燃的燃料和空气混合物的情况下，严禁出现明火（点火源），尽快采用通风吹扫的手段将其吹出炉膛，就能有效防止炉膛外爆。对于不同的运行工况，要采取不同的防爆方法。从原则上看，只要做到以下几点，就可以防止炉膛外爆：

（1）在燃烧器出口处有足够的点火能量，并且能稳定地点燃主燃料。

（2）当有可燃混合物积存炉膛时，应立即停炉进行清扫，使可燃混合物冲淡并吹扫出去。

（3）当有个别燃烧器突然熄火时，应立即切断该燃烧器的燃料供应，防止和减少燃料的积存。

（4）加强燃烧器管理，使燃烧设备按正常的程序启停，避免可燃物积存。

（5）当炉膛已经灭火或已局部灭火并濒临全部灭火时，严禁投助燃油枪。当锅炉灭火后，要立即停止燃料（含煤、油、燃气、制粉乏气风）供给，严禁用爆燃法恢复燃烧。

2. 炉膛内爆的防止

《电站煤粉锅炉炉膛防爆规程》（DL/T435—2004）中提出防内爆保护系统必须配备下列连锁。

（1）炉膛正压超限MFT

①当炉膛正压超过正常运行压力而达到制造厂所规定的限值时，应触发MFT。跳闸后，如果风机仍在运行，则应继续运行，但不应手动或自动增加通风量。

②MFT后，经过5min炉膛吹扫，在主燃料尚未点火前，如果炉膛压力仍超过制造厂的规定值，则送风机应跳闸。

（2）炉膛负压超限MFT

①当炉膛负压超过正常运行负压而达到制造厂所规定的限值时，应触发MFT（不一定是自动跳闸）。跳闸后，如果风机仍在运行，则应继续运行，但不应手动或自动增加通风量。

②MFT后，经过5min炉膛吹扫，在主燃料未点火前，如果炉膛负压仍超过制造厂所规定的限值，则所有引风机均应跳闸。

③如果是由于暂时燃烧不稳或个别燃烧器灭火而引起炉膛负压有一较大的瞬时波动，则MFT允许有短时延迟，以避免不必要的MFT，此种情况下的负压跳闸值应高于第①条中的跳闸值。

（3）送风机事故跳闸

①每台送风机均应有连锁跳闸装置，当风机处于不能继续运行，或转速已逐渐降低，或其风量达不到需要的风量时，均应跳闸。

②变速风机和轴流式风机需要有专门的规定作为连锁跳闸的条件。

③当送风机事故跳闸时，如果还有其他送风机在运行，则跳闸风机的挡板应关闭。

④当所有送风机跳闸时，应触发MFT，并触发引风机控制装置超驰动作，所有送风机挡板应在开启位置，但其开度应避免由于风机惰走对风道产生较高的风压。如果有烟气再循环风机系统，则其挡板应关闭，并按紧急停炉的要求处理。

（4）引风机事故跳闸

①每台引风机均应有连锁跳闸装置，当风机处于不能继续运行，或转速已逐渐降低，或其风量达不到需要的风量时，均应跳闸。

②变速风机和轴流式风机需要有专门的规定作为连锁跳闸的条件。

③当引风机事故跳闸时，如果还有其他引风机在运行，则关闭跳闸引风机相应的挡板。

④当所有引风机事故跳闸时，应触发MFT及所有送风机跳闸，缓慢全开所有烟、风道挡板，以建立尽可能大的自然通风。

（5）对多台并联的双速或变速风机启动的要求

无论是送风机还是引风机，当启动第二台和以后的风机时，风机启动后，在开启挡板前，应将风机转速调到有足够的能力将风量送出。

除以上DL/T435—2004中的要求外，采用脱硫装置的机组，还应特别重视防止脱硫设备故障产生过大炉膛负压对锅炉造成的危害，在锅炉保护功能上应考虑脱硫岛与锅炉岛的连锁保护。

8.5 MFT及公用逻辑

8.5.1 MFT动作条件及连锁

1. MFT动作条件

《火力发电厂锅炉炉膛安全监控系统技术规程》（DL/T1091—2008）中对MFT动作条件做了详细而具有可操作性的规定，要求MFT动作条件应包括：

（1）手动"MFT"按钮。

（2）炉膛压力高。

（3）炉膛压力低。

（4）锅炉总风量低（推荐低于20%~30%）。

（5）送风机全停。

（6）引风机全停。

（7）失去全部燃料：所有磨煤机全停，并且主燃油跳闸阀关闭或所有单个油跳闸阀关闭（直吹式制粉系统）；所有给粉机全停或给粉机电源中断，并且主燃油跳闸阀关闭或所有单个油跳闸阀关闭（中间贮仓式制粉系统）。

（8）多次点火失败（MFT复位后，3~5次点火都不成功）。

（9）延时点火（MFT复位后，5~10min内炉膛仍未有任意1支油枪投运）。

（10）失去全部火焰：煤粉及油燃烧器均失去层火焰信号。

（11）汽轮机跳闸且负荷大于旁路容量（30%~40%）或高压旁路未打开。

（12）汽包水位高（汽包锅炉）。

（13）汽包水位低（汽包锅炉）。

（14）所有炉水泵停运（强制循环汽包锅炉）。

（15）主蒸汽压力高（直流锅炉）。

（16）断水保护（直流锅炉）。

（17）主蒸汽温度低（直流锅炉）。

（18）两台一次风机停运且油枪都未投运（直吹式制粉系统或热风送

粉中间贮仓式制粉系统）；所有排粉机跳闸且油枪都未投运（乏气送粉中间贮仓式制粉系统）。（可选）

（19）失去火检冷却风（火检冷却风压低，或火检冷却风机都停运）。（可选）

（20）失去临界火焰（适用于直吹式制粉或半直吹式制粉系统）：至少三层煤投运且运行的煤粉燃烧器中部分火焰失去（四角切圆燃烧锅炉，其定值推荐为50%；W型火焰锅炉，其定值推荐为50%）。（可选）

（21）失去角火焰（适用于直吹式制粉或半直吹式制粉系统、四角切圆燃烧锅炉）：至少三层煤投运且某一角从上到下所有燃烧器（煤、油）都失去火焰。（可选）

在《火力发电厂热工保护系统设计规定》（DL/T 5428—2009）中还有以下要求：

（1）再热器超温（宜跳闸）。

（2）保护系统电源消失。

（3）给水流量过低（直流锅炉）。

（4）全部给水泵跳闸（直流锅炉）。

2. MFT动作后的连锁

《火力发电厂锅炉炉膛安全监控系统技术规程》（DL/T 1091—2008）中要求MFT发生后，应连锁动作以下设备：

（1）跳闸汽轮机（300MW机组及以上）。

（2）关闭所有过热器减温水截止门。

（3）关闭所有再热器减温水截止门。

（4）关闭主燃油跳闸阀。

（5）切除所有油燃烧器。

（6）跳闸磨煤机。

（7）跳闸给煤机。

（8）打开高压旁路。

（9）跳闸除尘器。

（10）锅炉吹灰器全部退出。

（11）跳闸两台一次风机（若配置）。

（12）跳闸所有排粉风机（若配置）。

（13）跳闸所有给粉机及给粉机电源（若配置）。

（14）跳闸所有给水泵（直流锅炉）。

在《火力发电厂热工保护系统设计规定》（DL/T 5428—2009）中还有

以下要求：

（1）关闭过热器、再热器喷水调节阀。

（2）停止烟气脱硫、脱硝装置的运行。

3. MFT典型逻辑分析

图8-5-1为某采用直吹式制粉系统的600MW超临界机组MFT逻辑图，图左侧为MFT动作条件，其中任意一个条件满足都会使"OR"输出为"1"，产生MFT动作信号，该信号使RS触发器置"1"，产生MFT动作指令；图下方为MFT首出逻辑，当任意一个MFT动作条件满足且当前不存在

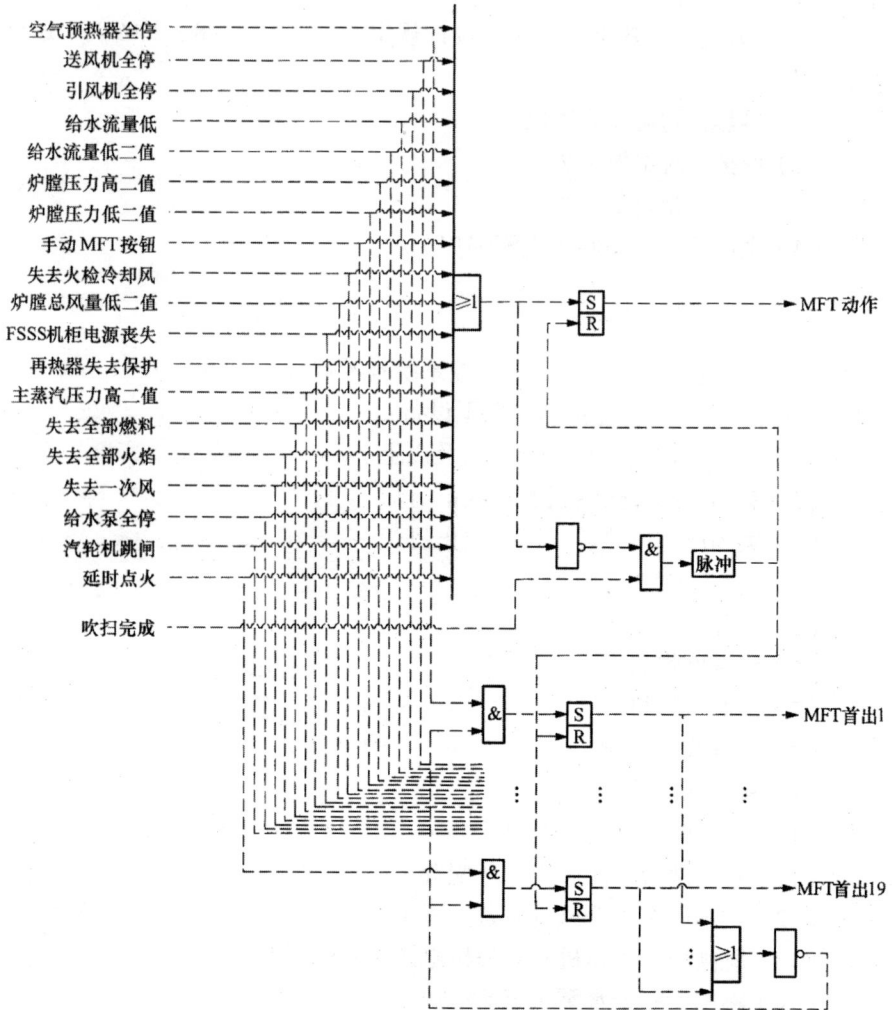

图8-5-1　某采用直吹式制粉系统的600MW超临界机组MFT逻辑图

任何一个MFT首出时，将通过各自的RS触发器使该动作条件对应的MFT首出置"1"；图右侧中部为MFT复位逻辑，当不存在任何MFT动作条件且吹扫完成时，将以3s脉冲将MFT动作RS触发器，及各MFT首出RS触发器均置"0"，使MFT动作信号及首出信号复位。

该机组的各MFT动作条件逻辑构成如下：

（1）空气预热器全停：两台空气预热器主、辅电动机均未运行，延时10s。

（2）送风机全停：两台送风机均停运（风机运行反馈取反后，与本风机跳闸反馈相"或"，作为本风机"已停运"的判断信号），延时0.5s。

（3）引风机全停：两台引风机均停运（风机运行反馈取反后，与本风机跳闸反馈相或，作为本风机"已停运"的判断信号），延时0.5s。

（4）给水流量低：3个给水流量低开关量信号（MCS中对3个给水流量模拟量信号进行低限判断后，送出3对开关量硬接线信号到FSSS）进行三取二逻辑判断后，与上"无失去全部燃料"条件，延时20s。

（5）给水流量低二值：3个给水流量低二值开关量信号（信号来源同上）进行三取二逻辑判断后，与上"无失去全部燃料"条件，延时3s。

（6）炉膛压力高二值：现场来的3个炉膛压力高二值开关量信号进行三取二逻辑判断后，延时1s。

（7）炉膛压力低二值：现场来的3个炉膛压力低二值开关量信号进行三取二逻辑判断后，延时1s。

（8）手动MFT按钮：操作台上两个MFT按钮同时按下时，发出3对开关量信号送到FSSS，进行三取二逻辑判断。

（9）失去火检冷却风：现场来的3个火检冷却风压力低二值开关量信号，进行三取二逻辑判断后，延时15 s。

（10）锅炉总风量低二值：当机组负荷大于30％时，3个锅炉总风量低二值开关量信号（MCS中对3个锅炉总风量模拟量信号进行低限判断后，送出3对开关量硬接线信号到FSSS）进行三取二逻辑判断后，延时30s。

（11）FSSS机柜电源丧失：FSSS硬跳闸动作回路由两块继电器板构成，其继电器驱动电源为FSSS公用逻辑柜机柜电源经电压转换后供给；每块继电器板上有电源监视继电器，当继电器板失电时将产生1个开关量信号送到FSSS逻辑中；当FSSS逻辑检测到两块继电器板均失电时，将通过RS触发器保持后发出一个2s脉冲信号，触发MFT动作。当吹扫完成后，该RS触发器的保持信号被复位。

（12）再热器失去保护：当有任意一层煤层投运（或机组负荷大于30％时任意一个油角阀没关延时10s）时，以下任意一层条件满足则该保护动作。

①高旁阀关闭且左侧高压主蒸汽门关闭，或左侧所有高压调节门全关且右侧高压主蒸汽门关闭，或右侧所有高压调节门全关。

②低旁阀关闭且左侧中压主蒸汽门关闭，或左侧所有中压调节门全关且右侧中压主蒸汽门关闭，或右侧所有中压调节门全关。

（13）主蒸汽压力高二值：3个主蒸汽压力高二值开关量信号（MCS中对3个主蒸汽压力模拟量信号进行高限判断后，送出3对开关量硬接线信号到FSSS）进行三取二逻辑判断后，延时3s。

（14）失去全部燃料：任意一层油层曾投运（本层4个油燃烧器中至少有3个油角阀开且检测到火焰侧将RS触发器置"1"；当MFT动作延时2s后将RS触发器置"0"），且主燃油跳闸阀关闭或所有油角阀关闭且所有给煤机停运延时10min或一次风机全停时，发出3s脉冲。

（15）失去全部火焰：任意给煤机曾持续运行30s以上（MFT动作延时2s信号复位），且无任意一层煤层投运（本层4个煤燃烧器中至少有3个煤粉关断门开且检测到火焰）且无任意一层油层投运（本层4个油燃烧器中至少有3个油角阀开且检测到火焰）时，延时2s后发出3s脉冲。

（16）失去一次风：无任意一层油层投运（本层4个油燃烧器中至少有3个油角阀开且检测到火焰），且任意给煤机曾持续运行30s以上，且一次风机全停。

（17）给水泵全停：所有给水泵全部停运，延时3s。

（18）汽轮机跳闸：机组负荷大于30%时汽轮机跳闸，延时2s。

（19）延时点火。以下任意一个条件满足则该保护动作：

①吹扫完成后，60min内无任意一个油角阀开。

②吹扫完成后，首支油枪投运5次失败。

当MFT动作时，MFT逻辑软件执行下列操作：

（1）关主燃油跳闸阀。

（2）关所有油角阀、吹扫阀。

（3）退所有油枪和点火枪。

（4）点火器停止打火。

（5）跳闸所有磨煤机。

（6）关减温水总门、各减温水闭锁阀及电动门。

（7）跳闸两台汽动给水泵；若负荷大于90MW则同时跳闸电动给水泵。

（8）跳闸所有一次风机。

（9）停炉300s后若还存在炉膛压力高二值或低二值信号（经过三取二逻辑判断），则跳闸所有送风机或引风机。

当MFT动作时，MFT硬跳闸回路执行下列操作：

（1）关主燃油跳闸阀。

（2）关再热减温水电动门、过热器减温总母管电动门。

（3）送两路信号去ETS跳闸汽轮机。

（4）跳闸电除尘设备。

（5）跳闸吹灰设备。

（6）跳闸所有磨煤机。

（7）跳闸所有一次风机。

（8）跳闸两台汽动给水泵。

（9）送两路MFT动作信号去MCS，四路去SCS，一路去脱硫控制系统进行相关连锁动作。

8.5.2 OFT（燃油跳闸）动作条件及连锁

《火力发电厂锅炉炉膛安全监控系统技术规程》（DL/T1091—2008）中要求OFT的动作条件应包括：

（1）MFT。

（2）运行操作站或备用盘上操作主燃油跳闸阀关闭按钮。

（3）任意一个油跳闸阀未关，雾化蒸汽（或压缩空气）压力低（有延时）。

（4）任意一个油跳闸阀未关，燃油母管压力低（有延时）。

（5）主燃油跳闸阀开启或关闭故障（开启或关闭信号发出10s后未到位）或状态故障（开状态和关状态同时触发，延时5s）。（可选）

（6）任意一台燃烧器检测无火，而一段时间内对应的油跳闸阀不能关闭。（可选）

OFT发生后主燃油跳闸阀应跳闸关闭；MFT复位后，运行人员通过"开主燃油跳闸阀"操作复位OFT。

8.5.3 常见MFT动作条件的设计原因分析

1. 汽包水位过高（过低）

汽包水位是锅炉运行中的一个重要参数，维持汽包水位是保持汽轮机和锅炉安全运行的重要条件。汽包水位过高会造成汽包出口蒸汽中的水分过多，使过热器受热面结垢而导致过热器烧坏，同时还会使过热蒸汽温度产生急剧变化，严重时甚至造成汽轮机进水，使其由于温度骤降和冲击而引起零部件损坏。

一般而言，如果给水中断而继续运行，则在10~30s的时间内，汽包水位就会消失或降到危险水位。因此，为了保护锅炉和汽轮机的主要零部件，必须在汽包水位过高/过低时触发MFT。为防止虚假水位或测量故障，一般可延时2~3s动作。

2. 炉膛压力过高（过低）

锅炉燃烧过程中在满足充足风量的情况下，应维持炉膛内压力为一定值，通常在微负压运行（−49~−19.6Pa）。锅炉压力的高低，关系着锅炉的安全运行。压力高易造成粉尘外泄，有引起炉膛爆炸的危险，一旦炉膛内发生爆燃（俗称"放炮"），则将引起炉膛压力过高，此时如果不及时触发MFT以切断所有燃料，可能引起连续地、更严重地爆燃，直至炉墙垮塌、构架弯曲，受热面、尾部烟道和煤粉管道等严重损坏甚至引起人身伤亡。为防止压力开关瞬间波动误发MFT，通常可延时2s左右。

3. 送（引）风机全停

通常发电厂均有两台送、引风机同时运行。当一台送（引）风机停止运行时，炉膛负压会有大幅度的变化，运行人员如能及时调整并降低负荷，锅炉还能运行。送（引）风机全停，严重破坏了锅炉的平衡通风方式，必然导致炉膛压力突然升高（降低），可能破坏炉膛结构，故应立即停止送入燃料，作停炉处理。

4. 失去全部火焰

失去全部火焰通常是由于燃烧恶化，如果继续送入燃料，那么可燃物没有在规定的区域内充分燃烧，将产生堆积，极易使炉膛发生爆燃或爆炸。这就是通常所说的"灭火放炮"事故。因此，《防止电力生产重大事故的二十五项重点要求》中指出：当炉膛已经灭火或已局部灭火并濒临全部灭火时，严禁投助燃油枪；当锅炉灭火后，要立即停止燃料供给，严禁用爆燃法恢复燃烧。由于从失去全部火焰到爆燃往往只需几秒钟，故一般不应设延时。

5. 失去全部燃料

正常运行的锅炉，如失去所有燃料，几秒钟内必然燃烧恶化，如果紧急投油投粉以重新送入燃料，极易使炉膛发生爆燃、爆炸。所以，当进入炉膛的燃料流发生中断时，就不能再送入燃料了，而必须触发MFT，重新吹扫炉膛后重新进行点火。

因此，失去所有燃料时触发MFT，主要是为了防止炉膛爆燃，避免炉墙、受热面、尾部烟道和煤粉管道等受到严重损坏。

6. 延时点火

延时点火包含两层含义：MFT复位后，连续点火多次（通常设置为3次）未成功；MFT复位后，一段时间内（通常设定为2h内）炉膛没有建立第一个火焰。前者必然有部分燃油积聚在炉膛底部，后者则可能有燃料泄漏进入炉膛，均易形成爆炸性混合物，如果此时直接点火极易引起炉膛爆燃。所以必须触发MFT重新进行吹扫，完成之后才能重新点火。

7. 失去一次风

一次风的主要作用是以一定的速度输送符合要求的煤粉颗粒进入炉膛参与燃烧。试验证明，在煤层投运时突然失去一次风，将在10~20s后必然造成失去全部火焰MFT。故设置此项保护可以在锅炉燃烧恶化之前使锅炉停运，以更好更及时地保护锅炉；如不设置此项保护，一次风失去后部分煤粉由于惯性作用仍会进入炉膛，在燃烧恶化的情况下可能集聚，造成爆燃。

8. 带高负荷时汽轮机跳闸

当机组带有较高负荷时汽轮机跳闸，MFT如果不及时动作，则会造成锅炉超压，引起安全门动作甚至可能损坏设备。由于参与此项保护的信号不存在瞬时波动，通常不需设置延时。

8.5.4 MFT相关逻辑的优化探讨

随着锅炉燃烧技术和设备的不断发展，以及人们对锅炉炉膛安全保护的理解不断深入，不断有学者对一些MFT动作条件提出了新的理解和建议。下面列出一些探讨中的问题和观点，供读者参考。

（1）非四角切圆燃烧锅炉的"失去全部火焰"逻辑探讨（复位条件）

从目前实际投运情况来看，几乎所有大型燃煤火电机组的"失去全部火焰"MFT动作条件均是基于"小组"灭火的概念，这种逻辑设计沿袭了四角切圆锅炉"失去全部火焰"MFT逻辑的设计思路。

有文章指出：可将全炉膛的所有煤、油火检分别作为一个大组看待，此外增加四支以上的高温探针监视炉温以判断炉膛燃烧情况："失去全部火焰"MFT逻辑中综合考虑炉膛火焰和燃烧器火焰的情况，可采用如图8-5-2所示的逻辑。

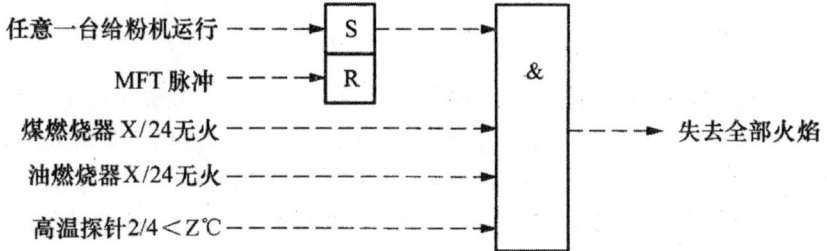

图8-5-2　非四角切圆燃烧锅炉"失去全部火焰"MFT逻辑示意图

（2）"失去临界火焰"逻辑探讨。近年来投产的大型燃煤机组锅炉厂家一般都要求设计"失去临界火焰"MFT逻辑，但实际上大多数机组还是没有设置这个保护。部分机组虽然设计有该逻辑，但并作为MFT动作条件来投运，且仅作为报警信号；部分机组的该逻辑实现方法值得商榷。

《火力发电厂锅炉炉膛安全监控系统技术规程》（DL/T 1091—2008）中对"失去临界火焰"逻辑描述为：至少三层煤投运且运行的煤粉燃烧器中部分火焰失去（四角切圆燃烧锅炉，其定值推荐为50%；W型火焰锅炉，其定值推荐为50%），并将其列为可选的MFT动作条件。

8.6　锅炉安全可靠性探析

8.6.1　影响FSSS安全可靠性的常见因素

1. 系统设计欠妥

（1）部分设计单位由于对某些热控设备特性不熟悉，从而设计了错误的保护回路，引起保护误动或拒动。如某单位在设计"FSSS冗余控制器均离线"跳闸逻辑时，由于不清除某DCS的冗余控制器在定期自检中会短时同时离线的特性，从而引起机组定期跳闸；后查明原因后将该保护条件增加了1s延时才正常。

（2）当设计保护回路时未引入冗余机制，使得某些保护仅由一路信号构成，经常由于接线松动、元件故障等原因引起保护误动或拒动。

（3）设计时考虑不周引起保护误动拒动，甚至造成设备损坏：如某机组磨煤机的启停采用短脉冲指令，而磨煤机油站的启停采用长脉冲指令。当控制磨煤机的DCS机柜电源失去时，油站因长脉冲指令消失而停运，而磨煤机却停不下来，赶到现场按紧急按钮时已晚，造成磨煤机轴瓦磨损。

（4）大型火电机组的保护系统在设计时，往往偏重防止保护的拒动；各主要辅机的制造厂商有时也过分偏重于防止本设备的损害事故（即防止保护的拒动），而往往引起更多的保护误动。

（5）热控系统的电源设计不够合理，有的系统整个机柜通过一路熔断器给所有的输入信号供电，熔断器若过流断开则引起保护误动或拒动。

（6）部分机组燃油跳闸阀等设备采用双线圈控制电磁阀，使得一旦系统失电，锅炉不能完全切除燃料。

（7）SOE系统设计不完善：部分重要信号没有进SOE，如失去全部火焰、手动停机按钮输出等，将造成事故分析的困扰。

2. 热控设备故障

（1）在机组投产初期，热控设备运行还不稳定，再加上环境温度过高或粉尘过多、卡件的故障率较高，引起保护误动或拒动。

（2）现场热控设备（如行程开关、压力开关、温度开关及阀门、挡板的驱动装置等）本身故障也经常引起保护误动或拒动。有些故障是热控设备本身的质量问题，但大部分故障是由于对外部不利因素的防护欠妥而造成的。造成这些设备故障的原因有雨、水或蒸汽等漏入，造成电气设备短路或接地；气源内进水和垃圾，造成气动执行机构故障等。

（3）热控设备大多都有使用寿命。长期运行可能使设备中某些元件老化、损坏，或者整体性能下降，引起保护误动或拒动。

（4）热控设备市场竞争激烈，产品更新换代很快，功能和性能也越来越优化和完善，但也出现了个别厂家出产的新型产品设计不完善，在特殊条件下可能错误动作或发出错误指令，引起保护误动；或者抗干扰性能和开关量信号噪声容限性能较差，容易引入干扰信号使测点突变，引起保护误动。

3. 火焰检测问题

火检系统问题引起FSSS保护误动、拒动的例子很多，成为影响FSSS安全可靠性的主要因素之一。引起火检系统问题的主要原因有：

（1）安装质量不能满足厂家要求。火焰检测器一般安装在本燃烧器周围的二次风挡板口，使火焰检测器的观察区域在该燃烧器的初始燃烧区内；而且要避开对角的燃烧器火焰，以免出现火焰的"偷看"问题。

（2）参数调整问题。要使火焰检测器处于良好的工作状态，必须将其增益、频带等参数调整至合适的值。

（3）火焰检测器本身的问题。火焰检测的灵敏度与运行工况有很大关系，常常出现高负荷工况下火焰检测器工作是正常的，而低负荷工况下灵敏度低，较难找到一组适合各种工况的运行参数。

（4）运行问题。由于运行习惯不同，运行参数相差较大，导致油燃烧器的燃烧区与设计值偏差较大，影响火焰检测器的正常工作。

（5）火检冷却风原因。有些机组火检冷却风冷却效果不佳、夏天火检探头环境温度较高，引起火检故障。

4. FSSS的电源、接地问题

（1）目前FSSS一般与DCS一体化，由DCS总电源柜供电。但有些机组DCS总电源配置不合理，如采用单个UPS提供两路电源的方式供电（只要是共用一根出口馈线就可认为是单个UPS）；部分老机组DCS电源不能互为切换备用，而是各给一般负载供电。当一路进线电源丧失时，将有一半的电源模件和控制器停止工作；还有一些老电厂采用两台机组UPS互为备用供电的方式，当一台机组UPS检修时，就只有单路电源了。这些都直接影响了FSSS运行的安全可靠性。

（2）火检放大器柜电源、接地不可靠：部分机组设计时火检放大器柜仅一路电源供电，或两路电源均不来自UPS电源；此外，有些机组所有火检放大器模块的接地线相互串联后才接入机柜接地铜牌，任意一根线松动就会造成一片放大器模块失去接地；部分机组火检放大器柜内部接地线接线良好，但整个机柜没有良好接地。

（3）FSSS很多现场执行机构包括电磁阀等设备均由热控仪表电源柜供电。由于热控仪表电源柜的两路进线电源切换不成功或切换时间过长，有时会造成设备失电或瞬时失电，引起保护误动或拒动。

（4）由于电气侧电源短路或其他故障原因，造成FSSS甚至整个DCS失电，引起保护误动或拒动。

（5）由于FSSS机柜接地不良，或重要信号没有采用单独电缆、单端有效接地，或某个FSSS机柜电源接地线松动引起电压基点浮空，都曾引起过保护误动或拒动。

5. 声光报警设计不完善

（1）没有设计"FSSS机柜任意一路电源丧失""MFT硬跳闸回路任意一路电源丧失""火检系统任意一路电源丧失""FSSS任意一路网络回路断开"等声光报警。

（2）部分不太重要的报警信号设计过多，个别信号频繁报警，容易造成运行人员听觉疲劳，时间一长就对报警不重视，甚至将语音报警音箱电源断开。

（3）有些机组在设备正常停运时也会发出"跳闸"声光报警。

6. 信号标志不完善

（1）系统各电源接线、开关没有标明A、B路。

（2）现场进FSSS保护的设备元件与不进保护的设备元件没有明显标志区分，不满足《国家电网公司发电厂重大反事故措施》（国家电力公司，2007年10月）中"所有进入热控保护系统的就地一次检测元件以及可能造成机组跳闸的就地元部件都应有明显的标志，以防止人为原因造成热工保护误动"的要求。

7. 人为原因

有些机组新投产，热控人员和运行人员对设备状况和运行特性还不熟悉，相关规程制度也未完善，可能引起一些误操作而导致保护误动作。如误对运行机组下装组态、处理缺陷时走错间隔、紧急工况下运行处理不当等，都曾多次引起机组误跳闸。

8.6.2 提高FSSS安全可靠性的措施

1. 优化系统电源配置

（1）近年来的新建大型火电机组，其FSSS与DCS硬件一体化，由DCS总电源柜统一供电；且DCS厂家一般都已经采取了各种措施来完善供电系统设计，故电源配置问题不突出。但如上节所述，一些老机组的FSSS电源甚至DCS电源配置还是存在安全隐患的，应给予改造。

改造的原则是应选用双电源供电系统，而不应选用虽有双路进线电源，但通过电源切换装置后仅有一路电源供电的系统，更不应采用只有一路进线电源的供电系统。可以采用以下两种供电方式之一。

①2N方式，即每个模件柜有二（四）个电源模件，一半电源模件由主电源供电，另一半电源模件由副电源供电。一半电源模件就可以满足系统需要。电源模件输出的直流电源并在一起，作为I/O模件、主控制器和现场设备工作电源。

②两路交流进线电源互为切换备用方式，即A路电源的主电源为A路交流进线电源。当A路进线电源失去时，切换到B路进线电源供电；当A路进线电源恢复时，又切为A路进线电源供电，切换后的A、B两路电源分别提供给一半的电源模件和主控制器（均冗余配置）使用。

此外，改造后的两路进线电源应至少有一路来自交流不间断电源（UPS），另一路为保安电源（或另一路独立的UPS电源），如保安电源电压波动较大，可增加一台稳压器，当一路电源失去后不应影响设备的正常运行，并且应在集控室内设有独立于DCS之外的声光报警。

（2）火检系统、热工仪表电源柜等也应由两路不同来源的交流电源供电（可与DCS机柜电源来源相同），同样，其中应至少有一路来自UPS，任意一路电源故障时应在集控室内有报警信号，并确保电源切换时火焰检测器不误发"无火焰"信号；每一路火检放大器、火焰检测器的供电回路应有单独的熔断器或采取其他相应的保护措施；给粉控制电源应可靠，防止因瞬间失电造成锅炉灭火；两台火检冷却风机就地控制箱的控制电源应相互独立。

（3）各操作员站应分别由两路电源供电，例如：1、3、5号操作员站由UPS供电，2、4号操作员站由保安电源供电；或者将两路供电电源互为切换备用后的两路电源分别向不同的操作员站供电，以保证一路电源丧失或切换不成功时，至少有部分操作员站可用。

（4）使用厂用蓄电池直流电源作为主保护电源的机组，应改造为可自动切换的双路供电电源，防止直流电源系统查找接地故障点时误跳热控保护。

2. 优化系统设计

（1）对于采用DCS逻辑做MFT保护的机组，应配置独立的MFT跳闸继电器卡。跳闸继电器卡可以采用带电动作和失电动作设计：如果设计成带电动作，应使用由两路不同电源构成的并联回路，任意回路动作都应停炉。

（2）燃油跳闸阀等建议从热工仪表电源柜中取电（应确保两路电源互为备用且能自动切换，切换时间间隔应不引起所供电设备动作），并采用失电关闭的单线圈电磁阀，控制指令必须采用持续长信号。

（3）参与MFT主保护的信号回路不应只有一路信号，并应通过不同的输出模件送到FSSS柜中不同的输入模件，以防接线松动、通道损坏、模件故障等原因造成保护拒动；应尽可能实现三取二或三取中值的逻辑判断方式，确因测点数量原因无法实现三取二的逻辑判断方式时，可采用二取二或二取一的逻辑判断方式。

（4）参与MFT主保护输入的所有一次元件、取样管、输入模件均应相互独立。

（5）对于给粉机或给煤机（直吹式制粉系统）的自保持回路以及对应的控制设备中，应既要防止厂用电切换时误跳闸，又要防止厂用电失去后恢复时间超过一定值时再重新起动，以免灭火后重起造成炉膛爆燃事故。

（6）受DCS控制且在停机停炉后不应马上停运的设备如空气预热器电动机、重要辅机的油泵、火检冷却风机等必须采用脉冲信号控制，并在每个电动机强电控制回路中设置自保持功能，否则当DCS失电引起停机停炉后，这些设备就可能停运，从而可能损坏重要辅机甚至主设备。

3. 优化控制逻辑

（1）"重要辅机全停"MFT逻辑的优化

部分机组的"重要辅机全停"MFT逻辑，在设计时考虑不够周全。如某电厂原设计中"两台送风机全停"MFT、"两台引风机全停"MFT逻辑，仅用就地电气开关来的1、2号风机停运反馈DI信号相"与"。这样的设计可以满足正常工况，但不能适用于一些特殊情况：如当机组运行中一台风机需要检修，这时就地电气开关很可能断电，导致该风机停运反馈DI信号为"0"。如果此时另一台风机突然停运，逻辑中就不能发出"两台风机全停"MFT信号，造成保护拒动；此外，仅用一对停运反馈信号来代表风机已停运，也可能出现该反馈信号线断线、接触不良导致停运反馈为"0"的情况，也会造成不能发出"两台风机全停"MFT信号。

较合理的设计应该是从就地电气开关取一对风机运行反馈DI信号，取反后与本风机停运反馈DI信号相"或"，作为本风机已停运的判断信号；再和另一台风机同样处理后的已停运判断信号相"与"，发出MFT信号。逻辑构成如图8-6-1所示。

（2）汽包水位高、低保护应采取独立测量的三取二逻辑判断方式，其中一点退出运行应自动转为二取一逻辑判断方式，二点退出运行自动转为一取一逻辑判断方式。

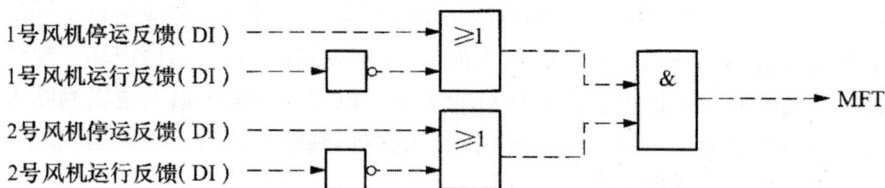

图8-6-1 "两台送风机全停"MFT逻辑的构成

（3）参与MFT主保护的冗余模拟量信号，应将每一路经过H/L判断后转换为开关量，再通过硬接线通过不同的输出模件，将每一路开关量信号送入保护机柜的不同输入模件；不应将冗余模拟量进行三取中值的逻辑判断方式后再进行H/I。判断转换为一路开关量送入保护机柜。

（4）参与FSSS保护的热电阻温度测点，应有温度变化速率判断逻辑，当变化速率超过设定值时，自动屏蔽该信号的输出，使该温度的保护不起作用，并输出声光报警。

（5）MFT动作条件中，表征汽轮机跳闸的信号宜采用两侧主蒸汽门关闭行程开关闭合的"与"信号，和汽轮机安全油压开关三取二逻辑判断方式后的信号组成"或"门。当只有一个主蒸汽门时，应采用主蒸汽门关闭行程开关的闭合信号与上ETS的动作信号后，再与汽轮机安全油压开关三取二逻辑判断方式后的信号组成"或"门逻辑。

（6）目前现场热控元件可靠性还有待提高，温度信号和振动信号易受外界因素干扰；变送器故障时有发生；位置开关接触不良或某一个挡板卡涩不到位；质量差的压力开关稳定性差……单独采用这些信号做单点保护，可靠性低，易引起保护系统误动。应采用增加测点的方式，或通过对单点信号间的因果关系研究，加入证实信号改为二取二的逻辑判断方式。

（7）不同机柜间的通信信号，若是参与MFT主保护的应采用硬接线方式进行传送；参与其他FSSS保护的开关量点可通过通信网络传送，但应冗余通信，且加一定延时，以确保信号的可靠，减少通信网络瞬时故障造成的保护误动作。

4. 加强设备维护

（1）应定期进行火检探头镜头和光纤的清灰工作，防止火焰探头烧毁、污染失灵等问题的发生，定期对油枪进行清理、试验，使油枪保持在比较理想的工作状态，以减少火检探头和油枪对火焰检测的影响。

（2）测试火检冷却风末端压力应大于5kPa；条件允许时，应定期并列运行两台火检冷却风机，以降低火检镜头的污染或结焦。

（3）定期清理雾化系统。无论是机械雾化还是蒸汽雾化，油枪都必须选用合适的雾化片安装正确，才能保证良好的雾化效果。应经常清理油枪的雾化系统，特别是新建机组，油管道内的杂质较多，清理不及时也会影响燃油的雾化效果。在油燃烧器停运后，尽快对油枪进行吹扫，保证油枪的清洁与雾化效果。

（4）定期检查FSSS机柜接地情况、火检放大器柜接地情况、电缆屏蔽线接线情况、重要信号的接线松动情况、重要熔断器工作情况、电源电压值等；定期检查电源回路端子排、配线和电缆接线螺栓，应无过热和松动现象；检查电源保险丝容量与设计容量一致。

（5）加强设备检修管理，重点解决炉膛严重漏风、给粉机下粉不均匀和煤粉自流、一次风管不畅、送风不正常脉动、堵煤（特别是单元式制粉系统堵粉）、直吹式磨煤机断煤和热控设备失灵等。

（6）加强点火油系统的维护管理，消除泄漏，防止燃油漏入炉膛发生爆燃。对燃油速断阀要定期试验，确保动作正确、关闭严密。

（7）露天热工保护开关触点、阀位反馈触点等设备应有有效的防雨防潮设施，露天敷设仪表管的伴热设施必须可靠，在仪表管路上应做好防冻措施；就地安装的一次检测元件、位置开关、接线端子箱等应有良好的防水、防尘设施。

（8）机组运行时，定期检查与FSSS保护相关的测量信号历史曲线，若有信号波动现象，应引起高度重视，及时检查处理（检查系统中设备各相应接头是否有松动或接触不良，电缆绝缘层是否有破损或接地，屏蔽层接地是否符合要求等）。

参考文献

［1］苗军.热工过程自动化［M］.北京：中国电力出版社，2002.

［2］文群英.热工自动控制系统［M］.北京：中国电力出版社，2006.

［3］郭南，马阳.电厂热工过程控制系统［M］.沈阳：东北大学出版社，2013.

［4］王付生.电厂热工自动控制与保护［M］.北京：中国电力出版社，2005.

［5］刘金琨.先进PID控制及其MATLAB仿真［M］.北京：电子工业出版社，2003.

［6］方康玲.过程控制系统［M］.武汉：武汉理工大学出版社，2007.

［7］王建国，孙灵芳，张利辉.电厂热工过程自动控制［M］.北京：中国电力出版社，2009.

［8］潘立登.过程控制技术原理与应用［M］.北京：中国电力出版社，2007.

［9］王燕.过程检测与控制［M］.北京：清华大学出版社，2006.

［10］朱北恒.火电厂热工自动化系统试验［M］.北京：中国电力出版社，2006.

［11］丁轲轲.热工过程自动调节［M］.北京：中国电力出版社，2007.

［12］孙奎明，时海刚.600MW火力发电机组丛书热工自动化［M］.北京：中国电力出版社，2006.

［13］西安电力高等专科学校.600MW火电机组培训教材：锅炉分册［M］.北京：中国电力出版社，2007.

［14］张丽香，王琦.模拟量控制系统［M］.北京：中国电力出版社，2006.

［15］张磊，彭德振.大型火电发电机组集控运行［M］.北京：中国电力出版社，2006.

［16］林文孚，胡燕.单元机组自动控制技术（第二版）［M］.北京：中国电力出版社，2008.

［17］边立秀.热工控制系统［M］.北京：中国电力出版社，2012.

［18］陈夕松，汪木兰. 过程控制系统［M］. 北京：科学出版社，2005.

［19］孙奎明，时海刚. 热工自动化［M］. 北京：中国电力出版社，2005.

［20］张栾英，孙万云. 火电厂过程控制［M］. 北京：中国电力出版社，2000.

［21］章名耀. 洁净煤发电技术及工程应用［M］. 北京：化学工业出版社，2010.

［22］戴先中. 自动化科学与技术的内容、地位与体系［M］. 北京：高等教育出版社，2003.

［23］刘吉臻. 大型火力发电机组自动控制技术［M］. 北京：中国电力出版社，2001.

［24］韩璞，王建国. 自动化专业概论［M］. 北京：中国电力出版社，2012.

［25］王常力，罗安. 分布式控制系统（DCS）设计与应用实例［M］. 北京：电子工业出版社，2004.

［26］巨林仓. 自动控制原理［M］. 北京：中国电力出版社，2007.

［27］樊泉桂. 超超临界及亚临界参数锅炉［M］. 北京：中国电力出版社，2007.

［28］俞金寿，蒋慰孙. 过程控制工程［M］. 北京：电子工业出版社，2007.

［29］雷霖. 现场总线控制网络技术［M］. 北京：电子工业出版社，2004.

［30］阳宪惠. 现场总线技术及其应用［M］. 北京：清华大学出版社，2000.

［31］潘笑，潘维加. 热工自动控制系统［M］. 北京：中国电力出版社，2011.

［32］林文孚. 单元机组自动控制技术［M］. 北京：中国电力出版社，2008.

［33］刘禾，白焰，李新利. 火电厂热工自动控制技术及应用［M］. 北京：中国电力出版社，2009.

［34］刘复平，刘武林，朱晓星. 火电机组DCS失电故障安全隐患的调查及预防措施［J］. 热力发电，2008，37（3）.

［35］朱晓星，张建玲. 国产600MW超临界机组MFT主保护的对比分析及研究［J］. 华中电力，2007，20（3）.

［36］朱晓星，刘武林，王伯春等. 600MW机组热工主要保护系统的分

析及完善［J］.中国电力，2010，43（3）.

　　［37］刘林波，朱赐英，周忠涛等.锅炉对冲燃烧锅炉设备特点及性能考核实绩［J］.锅炉技术，2010，41（2）.

　　［38］赵志丹，党黎军，郝德峰.300MW循环流化床空冷机组的RB控制策略及优化试验［J］.中国电力，2009，42（2）.

　　［39］邢希东.600MW火电机组降低厂用电率措施［J］.中国电力，2007，40（9）.

　　［40］任昊.循环流化床锅炉床温调整及自动控制策略探讨［J］.自动化技术与应用.2010，29（1）.

　　［41］孔德安，蒋甲丁.300MW循环流化床空冷机组的RB功能试验控制策略优化［J］.新疆电力技术，2012，（2）.

　　［42］夏明.超临界机组汽温控制系统设计［J］.中国电力，2006，32（3）.